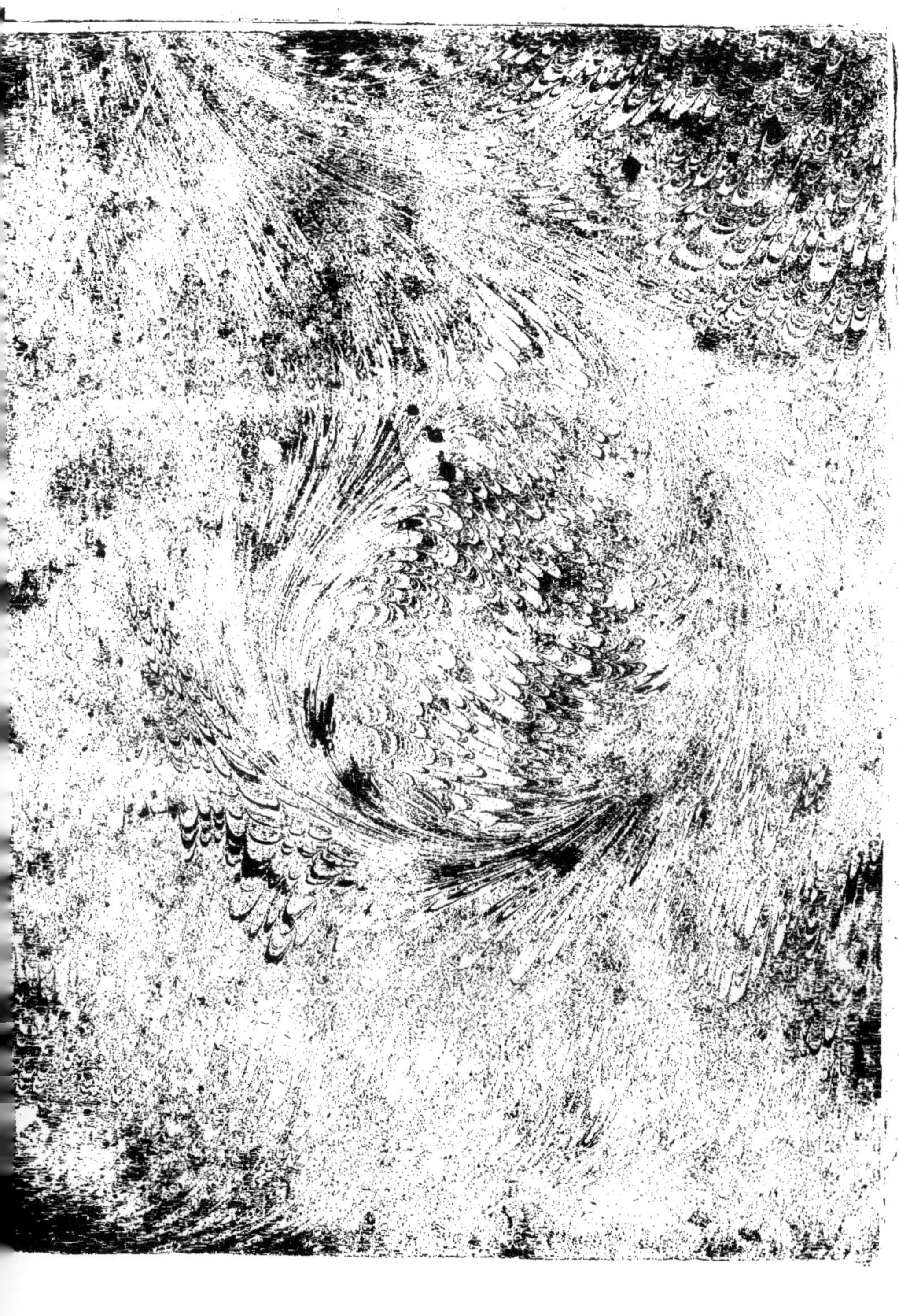

1891.

TRAITTÉ

DES COMETTES:

OV ON VOIT LEVRS CAVSES,

LEVR NATVRE, LEVRS EFFETS,

le temps auquel elles se forment, les lieux
où elles paroissent, le moyen de les predire,
& de connoistre non seulement ce qu'elles annoncent en general, mais aussi en
particulier.

*Composé par HENRY DE LESCHENER,
Allemand.*

A PARIS,

Chez DENYS THIERRY, ruë S. Iacques,
à l'Enseigne de la Ville de Paris.

M. DC. LXV.

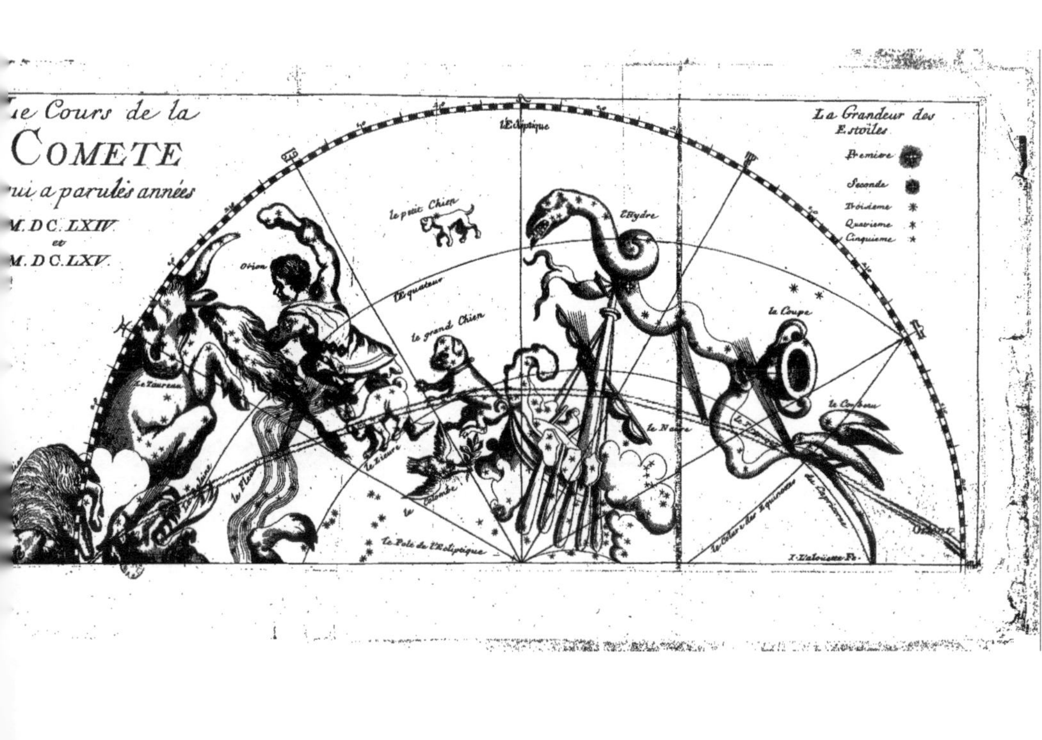
Le Cours de la
COMETE
qui a paru les années
M.DC.LXIV.
et
M.DC.LXV.
La Grandeur des
Estoiles.
Premiere
Seconde
Troisieme
Quatrieme
Cinquieme
L'Ecliptique
le petit Chien
l'Hydre
Orion
L'Equateur
le Coupe
le grand Chien
le Corbeau
le Taureau
le Navire
le Lieure
le Fleuue
Colombe
le Pole de l'Ecliptique
le Colure et les Equinoxes
les Equinoxes
J. Dalouette Fe.

Le Cours de la
COMETE
qui a paru l'année
M·DC·LXV.
La Grande
Estoiles
Premiere
Seconde
Troisieme
Qautrieme
Cinquieme
Les Poissons
Le Bouuier
Andromede
Le Persée
Cassiopée
Cephée
Le Dauphin
Antinous
Persée
Cheure
Le Charretier
Le Solstices
Le Pol Arctique
L'Escliptique du Signe
Le Cygne
La Lire
L'aigle
L'alouëtte
Occident

A
SON ALTESSE
SERENISSIME
MONSEIGNEVR
LE PRINCE.

ONSEIGNEVR,

Bien que ce soit vn étrange Present, que d'offrir
à V. A. S. les menaces du Ciel, & les Poizons
ã ij

de la Terre, j'ay crû neantmoins que je les devois
mettre entre des mains accoûtumées à détruire
les mal-heurs de l'Univers, afin d'en étouffer,
avant leur naissance, les suittes funestes ; & que
mes Comettes ne devoient paroître que sous un
nom capable d'asseurer les plus timides, contre la
multitude presque infinie des dangers qu'elles pre-
disent. Les Astres qui firent naître des Serpens
pour rendre le Berceau d'Hercules illustre ; &
semerent tout l'Univers de Monstres, pour élever sa gloire sur leur deffaitte, n'ont-ils pas
couvert de larmes, & remply de frayeur toute
la France, pour rendre vôtre jeunesse éclatante?
& durant vingt années entieres n'ont-ils pas he-
rissé les Campagnes de Piques, pour vous élever
au dessus des plus fameux Heros. En verité,
MONSEIGNEVR, V. A. S. leur est
trop obligée, pour refuser leurs Presens : S'ils
envoyent des influences favorables, ils ne les
versent que pour reünir en V. A. S. toutes les
grandes qualitez, que les Heros les plus renommez n'ont possedé que separées : S'ils excitent des
guerres, ce n'est que pour vous faire triompher :
S'ils engendrent des maladies, ce n'est que pour
vous faire paroître plus Grand, plus Intrepide,
plus Genereux dans un Lit de six piez que dans
les Plaines de Rocroy, de Norlingue, de Fribourg
& de Lens, à la teste d'une nombreuse Armée. Et
s'ils vous rendent mal-heureux, & vous em-
pêchent de pousser les triomphes des Lys jusques

EPISTRE.

au bout du monde, ils ne le font que pour vous faire paroître également Illustre, & dans la bonne & dans la mauvaise fortune. Aprés cecy, MONSEIGNEVR, n'ay-je pas sujet de conclure que si les mêmes Astres produisent des Comettes, ils ne font briller ces feux surprenants que pour renouveller (en paroissant sous vôtre nom) la memoire de tant de Victoires surprenantes, de tant d'Actions extraordinaires ? Ma Muse, MONSEIGNEVR, fera quelque jour retentir avec plus de pompe tous ces prodiges : ces yeux foudroyans qui portent, qui lancent la frayeur & l'épouvante dans le Camp des Ennemis, qui versent & inspirent la generosité & la valeur dans les cœurs les plus timides, seront les Comettes redoutables qu'elle fera paroître à tout l'Univers : & ces mêmes yeux ternis, cette genereuse nonchalance, cette tristesse profonde, ce silence eloquent, ces soûpirs poussez, aprés le moindre bon succez, quand le destin cruel nous retenoit en Flandres, & nous faisoit desirer d'être vaincus, aprés avoir été tant de fois Vainqueurs : les Eclipses & les Ombres dont elle relevera les lumieres du Poëme heroïque qu'elle pretend consacrer à vôtre gloire. Vivez ! mais vivez long-temps, MONSEIGNEVR, pour environner de Palmes le Thrône du plus grand des Rois, dont vous avez couronné le Berceau de Lauriers ! Vivez pour apprendre à son Illustre Dauphin à triompher de l'Univers ! Vivez pour conduire dans

ã iij

les traces de la Gloire le digne Heritier de vôtre
Renommée! & si j'ose laisser parler mon cœur, vives
ô le plus grand des Heros! vives ô la gloire de nôtre
Siecle! ô la honte des passez! ô le desespoir des
futurs, pour la satisfaction,

MONSEIGNEVR,

Du plus humble, du plus
fidele, du plus affectionné
des serviteurs de VOSTRE
ALTESSSE SERENISSIME,
H. DE LESCHENER.

AVIS D'VN PARTICVLIER
AV LIBRAIRE,
SVR LE TRAITTÈ'
DES COMETTES.

Monsievr,

I'ay leu le Traitté que vous avez pris la peine de m'envoyer; je le trouve assez net, assez methodique, & comme il doit estre pour le sujet qu'il traitte: Ce que j'en estime le plus, c'est le respect que son Autheur porte aux Constitutions de l'Eglise; & la maniere dont il explique dans son premier Discours, les effets prodigieux que les Astrologues attribuënt aux *Comettes*, qui ne s'éloigne aucunement des Canons du Concile de Trente, qui permet l'Astrologie comme vtile à la Medecine, à l'Agriculture & à la Navigation; dautant qu'il rapporte tout ce qui suit des Guerres & autres effets dont il parle, à l'alteration des Temperaments & des Elements, & découvre assez, par ce moyen,

qu'il condamne avec le même Concile la folie
& la superstition de ceux qui pretendent que
les Astres ont quelque puissance sur la volonté
qui releve de Dieu seul: ce que marque encore
suffisamment la raillerie qu'il fait, en remettant
tout sur la bonne foy des Egyptiens, Sarazins,
Arabes, quand il descend dans son second Discours aux particuliers pronostics des *Comettes.*
Ce qu'il m'a appris que je ne sçavois pas, c'est le
moyen de predire les *Comettes* & *Metheores*
extraordinaires, de trouver le tems que les Exhalaisons s'amassent, & celuy où elles doivent
s'enflammer ; c'est pourquoy j'ay plus sujet de
vous remercier de me l'avoir envoyé, que vous
n'en avez de me faire excuse sur la peine que
vous m'avez prié de prendre. Ie demeure,

MONSIEVR,

Vostre tres-humble
serviteur,
F. H. L. de Paris.

TRAITTE'

TRAITTÉ
DES COMETTES.

PREMIER DISCOVRS.

Où il est parlé des Comettes *en general.*

OVR satisfaire vôtre curiofité touchant les *Comettes*, je vous diray franchement que felon ma penfée, la Philofophie a efté dans fa jeuneffe, dans fa force, & eft enfin dans fa vieilleffe. Quand elle eftoit jeune, ou fi vous voulez lorsque les hommes commençoient à philofopher, l'on a crû que les Cieux étoient auffi corruptibles que la Terre, fuppofant (ce qui eft vn principe faux) qu'ils fuffent comme les chofes fublunaires, compofez des Elemens, & euffent des qualitez antipathiques. Et dans cette opinion quelques Anciens ont crû que le Tonnerre venoit de Iupiter, qui, quoy que le plus benin & favorable des Planettes, étant furchargé des excremens & fuperfluitez de Saturne, qui eft au deffus de luy, & en mefme-temps brûlé par les chaleurs de Mars, qui eft au deffous, fouffroit par le froid qu'il recevoit du premier, & la chaleur qu'il enduroit du fecond, vne efpece de fievre, dont l'accez finiffoit par l'ejection de ces qualitez contraires, chaffées par fes propres qualitez; d'où vient que les Poëtes attribuënt toûjours le

Tonnerre à Iupiter, & que quelques Anciens l'ont nommé la fievre des Cieux.

Quand la Philofophie a efté dans fa force, on a reconnu que cette opinion n'eftoit qu'vne chimere, & vn fonge de gens éveillez ; que les Cieux eftoient incorruptibles, & ainfi incapables de ces accidens; le Tonnerre arrivant en des lieux fort éloignez non feulement de Iupiter, mais auffi des autres Planettes. Et on a enfin découvert qu'il n'eftoit qu'vne compofition ou mélange de vapeurs & d'exhalaifons, tirées des Eaux & de la Terre : de vapeurs, dis-je, qui eftant les premieres élevées, parce que les Eaux refiftent moins que la Terre à l'action du Soleil ; & d'exhalaifons, qui eftant enfuitte attirées par le mefme Soleil plus haut, eftant plus legeres que les vapeurs, s'enfermoient au milieu defdites vapeurs, qui fe rejoignoient enfuitte par-deffous. Si bien que ces exhalaifons venant à eftre preffées & condenfées de toutes parts par le froid de l'air & des vapeurs, & en mefme-temps échauffées par le Soleil, s'enflammoient & faifoient vn effort pour rompre leur prifon : Que c'eftoit cet effort qui caufoit le bruit du Tonnerre en fendant le nuage froid; l'exhalaifon enflammée qui paroiffoit par cette ouverture, l'Eclair; la matiere enflammée qui fortoit par cette fente, le Tonnerre, lors qu'elle fe diffipoit & confumoit en l'air ; le Foudre quand elle eftoit chaffée en affez grande quantité, & avec affez de force pour frapper la Terre ; le Carreau quand il faifoit quelque grand ravage, quelque grand defordre.

A préfent que la Philofophie eft dans fa vieilleffe, elle fait comme les vieilles-gens, qui infenfiblement retournent en enfance ; elle reprend fes jeunes opinions : ce que je vous dis, au fujet de la plufpart des *Comettes* qui font apparuës depuis cent cinquante ans ; parce que les Philofophes dans la force de leurs raifonnemens, ayant reconnu que ce n'eftoient proprement que des exhalaisons élevées sans aucun mélange, ou avec fort peu de vapeurs , jusques dans la sublime region de l'air, qui venoient par la reflexion qu'elles recevoient des rayons du Soleil à s'enflammer, & brûloient ensuitte comme vne chandelle allumée , jusques à ce que tout fust consumé. Quelques Modernes prétendent (sur ce que quelques Autheurs nous ont laissé par écrit qu'ils en ont veu d'élevées au dessus de la Lune, de Mercure, de Vénus, du Soleil, de Mars,) que ces Planettes soient, comme ont dit les Anciens, sujettes à des fievres ; que le Soleil en tire des exhalaisons, comme il tire de la Terre, & qu'en suitte venant à s'enflammer, elles causent ces *Comettes* élevées : Ce que je combats par les raisons suivantes.

La premiere est, que quand il seroit vray que l'on auroit veu des *Comettes* dans cette élevation surprenante, la pluspart des Philosophes soûtenant que les Cieux ne sont pas solides, & qu'il n'y a au dessus de la Lune qu'vne espece d'air tres-subtil, qu'ils nomment *Æther*, dans lequel les Planettes se meuvent comme les poissons dans l'eau, les oyseaux dans l'air ; on auroit plus sujet de croire que les exhalaisons de la Terre auroient esté élevées jusques-là , que de croire qu'elles fussent des exhalaisons tirées par le Soleil , des corps planetaires , ou poussées hors des mesmes Planettes par leurs propres qualitez.

Que si ils répondent , que quelque effort que fasse le Soleil, les exhalaisons ont toûjours de l'inclination pour leur centre , & qu'ainsi elles ne pourroient estre élevées dans vne distance si grande de la Terre , que celle qui se trouve entr'elle & ces *Comettes*.

Sans leur répondre, que plus vne chose s'éloigne de son centre , plus la force attirante de ce centre diminuë ; & qu'ainsi leur objection n'est pas convainquante.

C'est sur cette objection mesme que je fonde ma

4

ſeconde raiſon , en leur diſant que dans les *Comette:* qu'ils ont obſervées, & qu'ils veulent eſtre des exha-laiſons des Planettes , leſdites exhalaiſons auroient eu a meſme inclination, la meſme attache pour les corps Planetaires dont ils ſuppoſent qu'elles ſeroient ſorties; & que neantmoins il ſe trouve que dans le temps qu'ils les ont obſervées (quelques élevées qu'elles fuſſent ſelon leur meſure propre) elles eſtoient encore plus éloi-gnées des Planettes ſuſdites que de la Terre.

Enfin je leur demande par ma derniere raiſon, comment ces exhalaiſons qui ſont comme ils ſuppoſent ſorties des corps celeſtes , eſtans meſmes au deſſus des Planettes dont ils les font ſortir , paroiſſent à nos yeux du moins cent fois plus grandes que ledit Planette: Ce qui eſt, ce ſemble, vne preuve certaine qu'ils ſe ſont trompez dans leurs Obſervations & meſures , prenant pour tres-éloignez d'eux, des feux qui en eſtoient beaucoup plus proches.

Enfin je dis qu'il eſt impoſſible de trouver avec toutes les Obſervations les plus aſſiduës , la juſte hauteur d'vne *Comette* , à moins qu'en meſme-temps pluſieurs Aſtronomes dans des lieux fort differents n'en obſervent le Paralaxe: & qu'ainſi le ſeul *Ticobrahé* dans vn temps , d'autres en d'autres temps differents , nous ayant laiſſé par écrit ces Obſervations, ils ſe ſont ſans doute trompez ; & moy - meſme quand j'obſervay la *Comette* d'apreſent, la premiere fois , parce qu'elle eſtoit aſſez élevée , & qu'elle me cachoit vne Etoille de la ſeconde grandeur que l'on nomme *la lance Auſtrale* , je la pris pour elle ; parce qu'elle ne paroiſſoit pas plus grande, & jettoit juſtement ſa queuë à l'oppoſite du Soleil: Ce qui me perſuada que c'eſtoit cet Aſtre, qui perçant cette Etoille, ou pluſtoſt refléchiſſant ſur elle ſes rayons , en faiſoit rejallir cette lumiere; ce qui eſtoit ſi ſpecieux, que pluſieurs Aſtronomes furent du meſme ſentiment, & ne s'éloignerent de ma penſée, qu'en

voulant que ce fût vne Etoille d'vne autre conftellation ; ce que je leur fis connoiftre impoffible fi fenfible-
ment, qu'ils demeurerent d'accord que c'eftoit celle
que je nommois. Mais le jour fuivant découvrant
l'Etoille cachée, & le mouvement de la *Comette* plus
precipité que celuy du Firmament, nous avoüâmes
qu'elle en eftoit vne veritable : convaincus par fon
changement de fituation, par fon mouvement particulier, par la veuë de l'Etoille cachée, par fa continüa-
tion; eftant demeurez d'accord que fi c'eftoit vne Etoille penetrée ou fortifiée de la lumiere du Soleil, il eftoit
impoffible que les mefmes apparences paruffent plus
de douze heures.

C'eft encore vne vieille opinion (qui vient de Pytagore) celle qui tient, que les *Comettes* ne font que
des rencontres de plufieurs Etoilles, qui viennent dans
leurs courfes differentes (quoy que reglées) à s'vnir ; &
que les rayons du Soleil perçans le vuide qui fe rencontre entre ces corps qu'ils fuppofent ronds, forment
leurs queuës. Anaxagore & Democrite ont encore
efté de ce fentiment, & n'en different que quant à la
queuë, qu'ils n'expliquent point : Et cette opinion a
efté refufcitée dans vne celebre Affemblée ces jours
paffez, y ajoûtant feulement, que ces Etoilles n'eftoient
que des erratiques, comme font les fatellites, décou-
vertes depuis peu proche de Saturne & Iupiter, qui
eftant trop petites pour eftre apperceuës, venant à s'v-
nir paroiffoient, fortifiées par cette vnion de lumieres,
comme feroient plufieurs flambeaux éloignez, qui ne
paroiffant pas feparez à caufe du trop grand éloignement, paroiftroient eftant vnis enfemble.

Cette opinion eft fubtile & jolie, & peut s'entendre de deux manieres : la premiere, que les mefmes
Etoilles demeurent vnies, qu'elles foient plus preffées
& en plus grand nombre, où nous voyons le corps de
la *Comette* ; & moins preffées, où nous voyons la queuë.

La seconde, que ce soient diverses Etoilles qui ayent des cours plus rapides, & qui passant successivement causent la durée de cette apparence : ce qui pourroit s'expliquer par vne troupe d'Escoliers assemblez à la porte d'vn College qui sortent en foule, & se dissipent enfin en s'éloignant : ou bien en disant que ces Etoilles demeurant vnies, font vne queuë, pour la mesme raison que j'ay cy devant marquée dans l'opinion de Pytagore.

Comme je crois que cette opinion n'a pas esté proposée comme creuë, mais seulement par divertissement, je la loüe, & ne prie pas l'Autheur d'aller guetter sur le Pont-Neuf les Poissons, pour voir comme se forment les *Comettes aquatiques*, ny les *Oyes sauvages*, & les *Canars*, pour découvrir les *aëriennes*. J'avoüe mesme qu'elle est assez difficile à détruire; & qu'vne opiniâtreté subtile & éloquente, la pourroit deffendre avec succez. Mais pour la *Comette* d'apresent, l'œil montre assez qu'estant au dessous de la Lune, & les Habiles qui en écrivent de plusieurs lieux estant du mesme sentiment; il faut auoüer, ou qu'il y a des *erratiques* au dessous de ce dernier Planette, ou qu'elle n'est pas recevable dans le fait dont il s'agit. J'ajoûte de plus, que pour la soûtenir avec succez & sans embarras, il faudroit attribuer la queuë à la penetration du Soleil, parce que sa variation donneroit trop de peine à expliquer d'vne autre maniere, & soûtenir qu'il y a des *erratiques* dont le mouvement propre se fait d'Orient en Occident, puisque les *Comettes* d'ordinaire devancent le premier mobile.

I E A N K E P P E R veut que les *Comettes* soient engendrées dans les vastes étenduës de l'*Æther;* qu'elles s'y promenent comme les oyseaux dans l'air, les poissons dans l'eau : Et pour faire admirer la subtilité de son esprit, soûtient que si vne *Comette* tomboit sur la Terre, elle seroit percée de la Terre, comme estant moins folide que la Terre. Pour moy, je ne fçay pourquoy il n'a pas dit, que fi la Terre tomboit fur la *Comette*, elle la perceroit à jour, puifque l'emphaze euft efté plus belle; & que dans l'opinion qu'il tient de COPERNIC, l'vn eft auffi facile que l'autre; ou pour parler moins couvertement, n'eft pas plus ridicule.

AMBROISE RHODIEN foûtient que les *Comettes* font des corps Celeftes, dont la generation paffe l'ordre & les forces de la Nature.

CARDAN, fuivi de TICOBRAHE', & de quantité d'au-tres, entre lefquels ARGOLE merite d'eftre nommé, dit que les *Comettes* & tous les nouveaux *Phænomenes*, n'ont pour principe qu'vne matiere nouvellement en-gendrée dans l'*Æther*: ce qu'ils prouvent, en foûtenant deux chofes; la premiere, que les exhalaifons de la Terre ne peuvent eftre élevées au deffus de la Lune, & que les Aftres & Planettes n'exhalent point de fuper-fluitez; dont je demeure d'accord avec eux. La feconde (dont je ne fuis pas d'accord) eft, qu'ils ont des preu-ves certaines par leurs Inftruments Geometriques, & par la fcience des Paralaxes, que les nouveaux *Phæno-menes* ne marchent pas comme nous penfons dans la region fublunaire de l'air. Ils foûtiennent encore, que cette matiere eft produite de Dieu en certains temps, & qu'il en fait (comme bon luy femble) des Etoilles fixes ou des *Comettes*; ajoûtant de plus, que quand il en for-me des Etoilles, elles paroiffent fans mouvement par-ticulier; & que lors qu'il en fait des *Comettes*, elles mar-chent fous les grands cercles, & jettent leurs queuës à l'oppofite du Soleil; parce que c'eft cet Aftre qui les forme en les perçant. Si bien que la matiere dont les *Comettes* font formées (felon ces Autheurs) eft celefte, & femblable à celle des Cieux & Planettes, & non ele-mentaire. Ils difent de plus, que ce n'eft pas vne fimple partie de l'*Æther*, plus illuminée que l'autre, ny mefme plus épaiffe; parce qu'ils veulent que l'*Æther* foit éga-

lement rare, & propre feulement à nous tranfmettre
en recevant les rayons des Aftres, & ainfi qu'il foit
incapable de fournir la matiere neceffaire pour former les *Comettes*. Leur preuve eft que le Cercle que nous
nommons *voye lactée* n'eft pas fimplement compofe de
la matiere de l'*Æther*, plus condenfée en cet endroit
que dans les autres, mais d'vne autre troifiéme differente, qui a plus de difpofition à retenir les rayons que
n'a l'*Æther* ; ce qu'ils preuvent parce que la lumiere
n'eft pas retenuë par l'*Æther*, mais feulement tranfmife
aux corps folides, qui la reçoivent & retiennent. D'où
ils concluënt que comme ces corps ne peuvent eftre
formez de l'*Æther*, de mefme les *Comettes* n'en peuvent
eftre faites, & requierent de neceffité vne matiere differente, qui ne peut eftre produite en ce lieu que par
le premier des Agens Dieu mefme. Ils fortifient cette
opinion d'vne raifon d'optique, que Ticobrahé a veu
au mefme lieu où a paru vne nouvelle Etoille dans la
conftellation de Caffiopé, vne efpece d'ouverture, ou
pluftoft vn vuide qu'a laiffé cette Etoille en ceffant de
paroiftre ; & que nous voyons encore la mefme apparence dans la poitrine du Cigne, où il en parût vne femblable l'année 1600. Mais il faut que j'avouë en ce
rencontre la foibleffe de ma veuë, ou pluftoft celle de
mon imagination, qui ne m'a pû faire remarquer ces
vuides pretendus, aux lieux où ces Autheurs les mar-
quent, ny comprendre comment l'*Æther*, quand cette
matiere auroit efté détruite, n'auroit point remply ces
deux vuides. Il ne faut pas neantmoins nier abfolu-
ment ce que nous n'avons pas vû, quand de fçavans
Perfonnages nous l'apprennent : mais il vaut mieux,
felon ma penfée remarquer, que ces deux Etoilles dont
ils nous parlent, fe font trouvées dans des conftellations placées proche *la voye lactée*, où fe forment d'ordinaire les *Comettes*. Ce qui me perfuade qu'ils pourroient bien en avoir pris quelqu'vnes des fixes, comme
                                                    nous

nous dirons tantoſt qu'il s'en eſt veu, pour des Etoilles, & ne remarquant plus le lieu, où elles paroiſſoient, ſi lumineux, ſe l'eſtre imaginé plus obſcur.

Quant à ce que quelqu'vns ajoûtent, pour ſoûtenir cette opinion, que la ſublime region de l'Air n'eſt pas emportée d'Orient en Occident par le premier mobile, & qu'il faut par conſequent que les *Comettes*, puiſqu'elles en ſont emportées comme les Planettes, ſoient dans le meſme *Æther* que ſont leſdites Planettes.

I. Ie réponds qu'il y a autant de Philoſophes qui tiennent, que la premiere region de l'Air eſt emportée d'Orient en Occident par le premier mobile, qu'il y en a qui le nient.

I I. Qu'il y en a qui ſoûtiennent auſſi , que l'*Æther* ne l'eſt pas plus que la ſublime region de l'Air.

I I I. Que les *Comettes* eſtant plus ſolides & épaiſſes que l'Air, quand il ne ſeroit pas emporté d'Orient en Occident, ne laiſſeroient pas de l'eſtre, comme plus capables, ayant plus de ſolidité , de recevoir l'impulſion du Firmament.

Sortons, avec voſtre permiſſion des Cieux, où nous avons aſſez conſideré la Philoſophie dans ſa jeuneſſe.

Voicy la Philoſophie dans ſa force, qui nous propoſe deux opinions également probables , entre leſquelles j'avoüe que mon eſprit eſt tellement ſuſpendu, que je doute qu'il ſe puiſſe déterminer, ſi ce n'eſt quand je parleray du mouvement des *Comettes*.

Strabon veut que la *Comette* ne ſoit qu'vn nuage épais, où les rayons des Aſtres ſe reüniſſent , & brillent avec plus de force.

Heraclides Pontiqve, que ce ſoit vne nuë plus elevée qu'à l'ordinaire, & plus éclairée que de coûtume.

Scaliger dit que c'eſt vne matiere vaporeuſe, ou

exhalaison terreſtre, élevée par la force des Aſtres
dans la ſublime region de l'Air, qui recevant en ce
lieu par-deſſous leurs rayons, brille, éclatte, & jette
quelquefois à l'oppoſite vn rejalliſſement de lumieres
en forme de queuë, ſans neantmoins eſtre allumée &
enflammée par le Soleil, & qu'elle ceſſe (non par la
conſomption de ſes parties) comme veulent ceux qui
ſoûtiennent qu'elle eſt allumée, mais par l'attraction
que le Soleil en fait peu à peu, ſon propre eſtant d'attirer toûjours à ſoy, & de diſſiper ainſi les vapeurs & exhalaiſons : Si bien que quand elles ſont toutes attirées
& rarefiées, la *Comette* vient à ceſſer, n'eſtant plus aſſez
épaiſſe pour refléchir la lumiere des Aſtres, attribuant
de plus les mauvais effets des *Comettes* à la recheute vers
la terre, de ces exhalaiſons échauffées & corrompuës
par l'action du Soleil.

Cette opinion eſt belle, & je ne crois pas qu'on la
puiſſe détruire qu'en détruiſant le ſyſteme de Copernic (ce qui ſeroit fort difficile) parce que par les trois
mouvemens differents que cet Aſtronome donne à la
Terre, tous ceux des *Comettes*, que nous allons expliquer par la conſomption de leur matiere., ſe peuvent
facilement expliquer. Auſſi ne la quittay-je que parce
qu'elle eſt contraire aux Conſtitutions de l'Egliſe, qui
deffend d'enſeigner (ſi ce n'eſt pour la combattre) l'o-
pinion de Copernic.

BELLANCE Siennois, fameux Aſtronome & Aſtro-
logue) qui prédit en pleine Rome la mort du Prince
de l'Amirande qui combattoit l'Aſtrologie) ſuivant
l'opinion d'Ariſtote, dit, que pour connoiſtre ce que
ſont les *Comettes*, & comment elles ſe forment, nous
n'avons qu'à partir de la Terre & monter vers le Ciel.
A nos piez, dit ce ſçavant Homme, nous voyons aſſez ſouvent des exhalaiſons qui s'enflamment, & brû-
lent durant la nuict, que le Vulgaire nomme des *Ar-
dans*. Dans la ſeconde region de l'Air nous décou-

vrons le Tonnerre, qui n'est qu'vne exhalaison contrainte & allumée, la nature voulant nous conduire, comme par la main, pour nous apprendre comment les *Comettes* qui font dans la troisiéme region de l'Air se forment. Si bien que selon cet illustre Autheur, la *Comette* est vne exhalaison chaude & seiche, grasse, épaisse & visqueuse, élevée par la force des Astres dans la plus haute region de l'Air, où elle est allumée & emportée avec l'air de la mesme region.

LEOPOLD asseure que la *Comette* est vne vapeur terrestre, dont les parties font grossieres, épaisses, vnies & liées fortement ensemble, attirée à la supréme region de l'Air par la force de quelque Astre, où elle est allumée par les rayons du Soleil.

ALBERT le Grand dit que la *Comette* est vne vapeur terrestre, épaisse & grossiere, dont les parties font fortement vnies, qui monte peu à peu de la derniere region de l'Air vers la plus haute, où venant à joindre la concavité de la sphere du feu, elle est fonduë, diffuse, épanchée & allumée : Si bien que ce Philosophe a cecy de particulier, qu'il veut que ce soit le feu élementaire qui allume l'exhalaison, & en la fondant luy donne sa figure.

De tout cecy il paroist que la cause efficiente des *Comettes* est le Soleil & les Astres, qui attirent les exhalaisons de la Terre.

Que le plus ou moins de chaleur qu'ont lesdites exhalaisons, est la cause de leur moindre ou plus grande élevation.

Que la matiere des *Comettes*, ou si vous aimez mieux, leur sujet, est l'exhalaison chaude & visqueuse ; ou comme d'autres disent, vne evaporation lente, gluante, épaisse, liée, vnie par le mouvement des corps Celestes, & enflammée par leur reverberation.

La cause de leur durée plus ou moins longue, le plus ou moins d'exhalaisons que fournit la Terre à leur nourriture. B ij

Celle de leur viteſſe ou lenteur dans leur mouvement, la matiere ſelon qu'elle eſt ou plus rare & ſeiche, ou plus épaiſſe & moins ſeiche.

Quant à leur fin & leurs effets, elles annoncent toûjours de grands changemens, dont nous parlerons am-
plement quand nous aurons diſcouru de leur marche,
leur temps, & leur durée.

Quant à la marche (ſelon ceux qui veulent que l'exhalaiſon ne ſoit qu'illuminée & non enflammée) il faut
l'obſerver, comme j'ay desja dit, ſelon les trois mouvemens que Copernic donne à la Terre ; & s'il s'y rencontre quelque difference, l'attribuer à la Planette
dominante, ou à quelque conſtellation qui ſymboliſe
avec elle.

Selon ceux qui veulent que l'exhalaiſon ſoit enflammée, & ſe conſume, elles ont deux mouvemens, vn
commun & vn propre.

Le commun eſt celuy qu'elles reçoivent du premier
mobile, comme les Planettes.

Le propre ſuit l'exhalaiſon, qui leur ſert de nourriture ; en ſorte que ſi vous les voyez s'élever ou s'abaiſſer,
aller d'vn mouvement égal ou precipité, s'éloigner du
Septentrion ou s'en approcher, c'eſt qu'elles ſuivent
l'exhalaiſon qui les entretient, ne plus ne moins que la
flamme d'vne bougie fait en la conſumant tous les
tours que vous aurez donné à cette bougie ; qu'vn
mouton avance ou recule, monte ou deſcend, ſelon
qu'il voit l'herbe neceſſaire à ſa nourriture ; que le feu
court dans vne étoupe plus ou moins viſte, ſelon que
l'étoupe eſt plus ou moins épaiſſe, humide & ſeiche.
De ſorte que ſi l'exhalaiſon eſtoit plus diſpoſée à s'enflammer vers le milieu, on verroit d'abord vne ſeule
Comette, qui ſe partageroit enſuite en deux, & pourroit aprés ſe reünir en vne ſeule, ſi l'exhalaiſon ſe re-
joignoit par quelque endroit. Et ce mouvement irre-
gulier des *Comettes*, eſt la plus forte preuve qu'appor-

tent les Autheurs de cette derniere opinion , contre
ceux qui veulent qu'elles foient feulement luftrées des
rayons du Soleil, fans en eftre enflammées : Car d'où
pourroit venir ce mouvement different, tantoft prompt
& tantoft tardif, qui hauffe & qui baiffe, qui avance
& qui recule, finon de cette inflammation ? Et comment répondre, fans cette raifon à Seneque, qui a veu
vne *Comette* marcher du Septentrion vers l'Occident
par le Midy, & du Septentrion vers l'Orient ? ce que
nous ferons tres-facilement, en difant que la matiere
eftoit difpofée de la forte. Réponfe qui fert auffi à
Pline, qui affeure qu'il en a veu vne fixe, puifqu'il n'y
a qu'à dire que la matiere eftoit en ce rencontre comme en Globe, & montoit directement de la Terre : ou
qu'elle eftoit fort baffe, & hors de l'activité du premier
mobile, fi tant eft qu'il entende qu'elle n'ait pas fuivi
le mouvement des Cieux : mais il n'explique pas fi c'eft
du commun, ou du particulier ; ou enfin de tous les
deux mouvemens enfemble qu'il prive cette *Comette*.

On a de plus obfervé que quelquefois la *Comette* fuit
le mouvement de l'Aftre dominant à fa formation, c'eft
à dire de la Planette de la nature de qui elle tient, &
prend fon nom, comme nous dirons cy-aprés.

Quant au temps que les *Comettes* paroiffent, bien que
la plufpart mefme des Aftrologues affeurent qu'il eft
impoffible de le fpecifier ; je dis neantmoins que c'eft
en Automne, & voicy mes raifons.

I. Il eft tres-difficile qu'il s'en forme en Hyver, à
caufe de la grande froideur & humidité de cette faifon;
dautant que le froid referre l'exhalaifon dans la Terre,
& l'humidité l'empefche de s'élever ; joint que le Soleil
ne la frappant que de biais, a trop peu de force pour
l'attirer.

I I. En l'Efté il eft de mefme prefqu'impoffible
qu'il fe faffe des *Comette* à caufe de la trop grande chaleur, qui diffipe & confume l'exhalaifon, avant qu'elle
foit fuffifamment élevée.   B iij

I I I. Il en arrive aussi fort peu au Printemps, à cause de la trop grande humidité qui reste de l'Hyver, & du peu de chaleur qu'a en ce temps le Soleil, qui n'est pas suffisante pour élever tant de matieres.

Mais elles se forment en Automne, pour des raisons toutes contraires, la matiere estant ordinairement disposée en abondance, & proportionnée à la chaleur, qui n'estant pas trop grande ne la dissipe pas si-tost qu'en Esté; & estant assez forte l'éleve dans la sublime region de l'Air : D'où vient que dans l'Automne l'air est ordinairement vain, & les maladies sont plus communes que dans les autres Saisons; parce que ces exhalaisons estant tirées en abondance le remplissent & vicient, soit en montant ou en descendant; de sorte que venant à estre attirées par la respiration, elles affligent, en s'y attachant, les parties nobles & internes des corps.

Que si on me demande pourquoy donc il n'y en a pas dans toutes les Automnes, voicy ma réponse qui est assez belle pour estre remarquée.

C'est que la formation des *Comettes* ne dépend pas tellement du Soleil & de la Terre, qu'elle ne dépende aussi des autres Planettes. Si bien que ce n'est pas assez que le Soleil ait le degré de chaleur necessaire, & la Terre les matieres preparées; mais il faut de plus que Mars soit joint à Saturne, pour empescher par sa chaleur, que la froideur de ce plus élevé des Planettes, ne resserre les pores de la Terre, & en les resserrant n'empesche la sortie des exhalaisons grossieres & gluantes, necessaires à la generation des *Comettes*.

D'où vient que je tiens, qu'il n'est pas difficile de prédire les *Comettes*. Et pour preuve de cecy, que les Astrologues considerent, comme j'ay fait, la disposition du Ciel aux temps qu'il en est paru, & je m'asseure qu'ils avouëront que j'ay raison, & demeureront d'accord avec moy, que selon toutes les apparences nous en devons voir vne l'année 1666. au mois de Decembre, comme aussi en 1692. 1694.

Il est neantmoins à remarquer, qu'il y a quelquesfois des *Comettes* miraculeuses, qui peuvent par consequent arriver en tout temps & quand il plaist à Dieu, comme fut celle qui parut sous Cesar-Auguste, dont la grandeur prodigieuse marquoit quelque chose de surhumain. Aussi les Historiens nous ont-ils laissé par écrit que la Sybille Tiburtine fit remarquer à Cesar dans le corps de cette *Comette* vn enfant, & selon quelques-vns vne Vierge qui le tenoit, en luy adressant ces paroles : *Hic puer major te est, ipsum adora.* Adore cet Enfant, il est plus grand que toy.

Quant aux queuës des *Comettes* , comme elles n'en ont pas toutes, elles ne devroient pas, ce semble, estre traittées quand on en parle en general : Ie diray neantmoins, pour satisfaire ceux qui seront d'vn sentiment contraire, que les Autheurs & l'experience nous apprennent, qu'elles sont causées par le Soleil, dont la lumiere perce la *Comette*, & jette toûjours sa queuë à son opposite : ce que l'on n'aura pas manqué d'observer assez sensiblement dans celle que nous voyons.

Pour la durée des *Comettes*, je croy m'en estre assez expliqué cy-devant ; neantmoins je dis que quelques Anciens ont dit qu'elles duroient sept jours ; que d'autres leur ont donné quarante jours de durée ; qu'Averroës ne leur en donne que treize ; les Arabes plus liberaux, quatre-vingt ; & les Egyptiens six mois entiers. Et tout cela sans raison , puisque comme nous avons veu il n'y pas long-temps , leur durée dépend de la multitude & des dispositions de leur matiere, que l'on ne peut, selon mon sentiment, connoistre, quand on y employeroit toute l'assiduité possible.

Pour les lieux où se forment les *Comettes*, aprés avoir desja repeté plusieurs fois que c'est ordinairement dans la sublime region de l'Air, & qu'il s'en voit tresrarement dans la feconde ; je dis qu'elles paroiffent d'ordinaire prés de *la voye lactée*, qui paffe par les conftellations de Caffiopé, du Cigne, de l'Aigle-volant, la fléche du Sagittaire , la queuë du Scorpion , le Centaure, le Navire d'Argo , les piez des Iemeaux, le Cocher, & Perfée.

Aprés avoir traitté en general des *Comettes*, comme Aftronome & Philofophe, l'ordre de ce premier Difcours demande, que nous parlions auffi en general de leurs effets , comme les Aftrologues ont coûtume de faire, devant que de defcendre dans le détail & les efpeces differentes des *Comettes*: ce que je vais faire plûtoft pour délaffer & divertir les efprits que pour aucune foy que j'ajoûte à ces Predictions, plûtoft fantaftiques que veritables. Cecy fuppofe pour bien jouër le perfonnage de ces Meffieurs, je dis avec les moins credules,

Puifque le mouvement reglé des Aftres eft vn témoignage certain qu'il y a vne Intelligence fupréme qui gouverne le Monde , les *Comettes* eftant les effets de ce mouvement, n'arrivent pas par hazard, dit Bellance, comme le Vulgaire s'imagine : c'eft pourquoy les Aftrologues & les Poëtes, les mettent avec juftice au rang des Signes , & leur donnent entr'eux le fecond lieu, les faifant marcher dans leurs Predictions aprés les Planettes & les Etoilles les plus confiderables. D'où vient que Ptolomée nous a laiffé en termes exprés cet Aphorifme :

Trajectiones & crinitæ fecundas habent partes in judiciis.
Ce qui oblige les Difciples de ce Prince des Aftrologues de foûtenir, que les *Comettes* prédifent les chofes futures , & principalement les grands changemens qui arrivent dans les Republiques & les Eftats; quoy que la premiere preuve qu'ils en apportent doive du moins eftre partagée entre la Nature & le Miracle, puifqu'ils la tirent du Chapitre cinquiéme du fecond livre des
Machabées;

Machabées; où il eſt rapporté qu'avant la grande revolution qui arriva quelque-temps aprés, on vit des
gens armez combattre, & des chariots courir dans
le Ciel: Toutes ces figures differentes, & ces courſes
precipitées eſtant au deſſus du pouvoir des Aſtres, qui
peuvent ſeulement avoir attiré la matiere neceſſaire
pour les former.

SENEQVE eſt plus recevable, lorſqu'il dit qu'aprés
la *Comette* qui parut durant le Conſulat de Patercule
& Volpice, il arriva par toute la Terre de grands
changemens, & de grandes tempeſtes, principalement
en Achaïe & Macedoine, où quelques Villes furent
englouties par des Tremble-terres effroyables.

CALISTENES rapporte qu'il parut vne *Comette* devant qu'Helice & Bure Villes d'Achaïe, fuſſent ſub-
mergées & englouties de la Mer. Que deux ans enſuitte la Bataille de Leuctre fut donnée, & que cette
Comette avec d'autres prodiges qui arriverent en meſme-temps, annonçoient la perte de l'Empire, & mille
mal-heurs à la Grece. Que la premiere année d'après
la guerre que l'on appelle Peloponeſiaque, commença:
& qu'vne pierre d'vne prodigieuſe grandeur fut jettée
par l'impetuoſité des vents dans l'Iſle d'Æglos, où les
Atheniens furent aprés vaincus; leur Ville ayant eſté
enſuitte de cette deffaite, aſſiegée, priſe, & l'Empire &
la liberté de leur Republique perduës.

PLVTARQVE dans ſon Liſandre aſſeure, que cette
Comette dura 75 jours. L'on ajoûte qu'Anaxagoras
prédit la cheute de la pierre ſuſdite: ce qui montre
qu'il a quitté l'opinion de Pytagore, pour prendre la
noſtre, & qu'il eſtoit ſçavantiſſime en Aſtrologie; quoy
qu'Ariſtote ſoûtienne, que ladite pierre fût enlevée
de quelque Montagne prochaine par la violence des
vents; & apporte pour preuve, qu'aprés vne *Comette*
qui parut de ſon temps, l'Hyver fut fort ſec, les vents
d'Aquilon ayant ſoufflé durant toute cette Saiſon:

C

mais enfin Anaxagore avoit prédit la cheute de la pierre; & Aristote pour se bien justifier, devroit dire d'où cette pierre fut enlevée.

De tout cecy les Astrologues taschent de prouver, que les *Comettes* sont des marques que le Ciel nous donne de sa colere, & les presages des mal-heurs qu'il nous prepare, en tirant de plus cette consequence, que la fin, ou si vous voulez l'effet des *Comettes*, est de causer & predire la Seicheresse , & quelquefois les Inondations, la Peste, la Famine, la Guerre, les Maladies, les Tremble-terres, les Sterilitez, les Chaleurs excessives , les grands changemens & revolutions surprenantes qui doivent arriver dans les Estats, Royaumes, Loix, Religions ; ce qui ne peut estre que de la maniere que je vais l'expliquer dans les reflexions suivantes.

I. Les *Comettes* annoncent vne grande & excessive chaleur, parce qu'il en faut non seulement vne excessive pour attirer vne si grande quantité de matieres, la resoudre & la consumer , & qu'en la consumant cette chaleur s'augmente l'Air en estant échauffé ; mais principalement, parce que les exhalaisons qui devroient aprés former, avec les vapeurs, des nuages pour moderer l'ardeur du Soleil, sont consumées : De sorte que lorsqu'il vient à passer par les lieux où la *Comette* s'est promenée , trouvant l'Air desja échauffé & la Terre dénüée d'exhalaisons, il la brûle & la seiche.

II. Les *Comettes* causent la sterilité , la famine, & cherté de vivres ; parce que la Terre privée d'vne si grande quantité d'humeurs , devient seiche & sterile. Les Philosophes nomment la seicheresse la marastre des fruits, & l'humeur leur mere; dautant que la chaleur excessive succe toute l'humidité des plantes, des femences, & des arbres : ce qui s'entend principalement pour les païs dont la matiere a esté tirée avec plus d'abondance.

I I I. Les *Comettes* prédifent la pefte des animaux,
parce que bien qu'elles confument, felon noftre opinion, quantité d'exhalaifons peftilentes, qui nuiroient
infiniment fi elles n'eftoient confumées, il en retombe
toûjours, & refte quelque partie dans l'Air, qui eft
vicié par ce refte, par cette recheute, & par la fumée
de celles qui ont efté enflammées : ce qui ne peut eftre
bon, n'eftant qu'vn refte de venins, qui empoifonne
ceux qui le refpirent. De plus, l'Air eftant en ce temps
tres-chaud (ce qui doit s'entendre d'vne chaleur exe-
cante & interne, pluftoft que fenfible, l'humide radi-
cal des hommes & des animaux en eft confumé, dans
lequel humide la vie confiftant, auffi-bien que dans la
chaleur naturelle que cette chaleur étrangere irrite,
les Medecins doivent fur tout prendre garde de con-
ferver les temperaments dans l'égalité par vn regime
moderé, des nourritures & des medecines humides &
rafraichiffantes.

I V. Les *Comettes* excitent les Guerres, Seditions, &
caufent de grands changemens dans l'adminiftration
des affaires ; parce qu'il y a dans l'Air quantité de fu-
mées & d'exhalaifons feiches & chaudes, qui deffei-
chent les temperaments, les embrazent, allument la
colere, qui allumée ne manque pas d'exciter des querelles & debats, & d'en faire venir enfuitte aux mains :
Ce qui ne fe peut, fans qu'il y ait des vaincus & des
vainqueurs.

V. Les *Comettes* annoncent les maladies & morts
des Grands ; parce que vivant plus délicatement, ils
font d'ordinaire d'vn temperament plus chaud, plus
foible, & par confequent plus difpofé à eftre empoi-
fonné de l'air corrompu qu'ils refpirent. De plus,
comme en ce temps les temperaments bilieux font
pluftoft frappez, leur nourriture ordinaire engen-
drant plus de bile, les met plus en danger : & puis
s'il arrive des Guerres, comme ils en ont la fatigue, le

foin & le hazard, ils ne manquent pas d'eſtre expoſez, & ſouvent de perir. Ce qui fait dire à Macrobe, que la mort de Conſtantin fut annoncée par vne *Comette* de grandeur prodigieuſe, qui parut l'An de grace 304; & rapporter par Virgile, celle de Ceſar, aux *Comettes* & prodiges qui la precederent: Voicy ſes termes.

Non alias cœlo ceciderunt plura ſereno
Fulgura, nec diri toties arſere Cometæ.

VI. Les *Comettes* annoncent des inondations extraordinaires; parce qu'eſtant produites par les exhalaiſons, les exhalaiſons produiſant les vents, les vents émouvant la Mer, elle eſt emportée hors de ſes limites. De plus, la Nature ne ſouffrant point de vuide, il faut qu'il ſuccede de l'air aux exhalaiſons qui ſortent de la terre; de ſorte que venant à s'épaiſſir & refroidir, il eſt changé en eau qui groſſit les ſources, les ruiſſeaux, les rivieres & les fleuves.

VII. Les *Comettes*, pour la meſme raiſon, menacent de tremble-terres; parce que les vents s'eſtant enfermez pour remplir la place qu'ont quitté les exhalaiſons, viennent à ſe tourmenter pour ſortir: ce qui arrive, parce qu'en ce temps il y a toûjours quantité de vents, pour la raiſon ſuivante.

VIII. Les *Comettes* prédiſent de grands vents, parce qu'elles viennent de la meſme matiere; & que de cette multitude extraordinaire d'exhalaiſons qui eſt élevée, celles qui ne ſont pas diſpoſées à l'inflammation, ſont repouſſées & rejettées de coſté vers la Terre: ce qui fait les vents & les orages.

Voilà, ce me ſemble, tout ce que l'on doit & peut dire des *Comettes* en general.

SECOND DISCOVRS.

Des Comettes *en particulier.*

ARISTOTE veut qu'il y ait deux especes differentes de *Comettes*, sçavoir *la Cheveluë* & *la
Barbuë.*

Il appelle *Cheveluë*, la *Comette* dont toute la matiere
est enflammée, & brûle en mesme-temps & comme en
rond , envoyant autour de soy comme vne espece de
chevelure lumineuse.

Il nomme *Pogonie* ou *Barbuë*, celle dont la flamme
est étenduë en longueur : ce qui fait voir qu'Aristote
s'est trompé, en croyant que la queuë de la *Comette* fût
toûjours vne partie de l'exhalaison enflammée, moins
épaisse que son corps : ce que la variation de cette
queuë ou barbe (pour parler dans ses termes) selon sa
differente position à l'égard du Soleil , montre
tout à fait insoûtenable , & indigne du demon de la
Nature.

Ordinairement & mieux on divise les *Comettes* en
trois especes, sçavoir en celles qui ont vne queuë,
celles qui ont vne barbe , celles qui ont vne chevelure.

La *Comette* à queuë, est celle dont la matiere étenduë en long envoye ses parties éloignées vers la Terre
ou le Ciel , en biaisant : & c'est de cette *Comette* que
nous pretendons qu'Aristote s'est trompé, & avec luy
ceux qui nous ont laissé la deffinition presente. Ce qui
nous oblige de la changer , & de dire que la *Comette* à
queuë est celle que le Soleil penetre de ses rayons, qui
estans receus dans l'exhalaison qui l'environne , rejal-
lissent & paroissent en forme de queuë : ce qui est

tres-affeuré, dautant que l'on voit quelquefois des efpaces ñebuleux qui couppent la queuë des *Comettes*, & les empefchent d'eftre continüées; parce que l'exhalaifon ne l'eft pas, & que l'air de la fublime region n'a pas affez d'épaiffeur ny de corps, pour refléchir la lumiere.

La Barbuë eft celle dont la matiere fubtile & déliée envoye droit fes rayons vers la Terre, ayant le plus fort de fon exhalaifon au deffous d'elle; ce qui fait qu'elle reprefente vne tefte avec vne longue barbe, ou pour l'expliquer mieux, vne poupine de chanvre liée par en-haut, & déliée & pendante vers le bas. Quelques-vns veulent que tout ce qui paroift lumineux dans cette *Comette*, foit enflammé. D'autres, que la matiere montant directement de la Terre foit illuminée du Soleil. D'autres enfin que ce foit la *Comette* elle-mefme qui perce de fa propre lumiere l'exhalaifon qui monte pour l'entretenir, difant qu'il y a cette difference entre les *Comettes* à queuë & les barbuës : que les *Cómettes* à queuë marchent & vont chercher leur nourriture, parce que l'exhalaifon eftant auffi élevée qu'elles, elles la fuivent comme le feu court dans vne étouppe étenduë fur vne table : & qu'au contraire les *Comettes* barbuës attirent l'exhalaifon pour la confumer, fans defcendre ny changer de lieu, comme la flammé d'vne lampe attire l'huile pour fe nourrir. Ce qui eft plus vray-femblable, puifque le feu ne defcend (comme l'experience nous le montre tous les jours) que lorfqu'il ne peut élever ce qui luy fert de nourriture ; & peut fervir encore de réponfe aux Autheurs qui ne peuvent comprendre comment fe font les *Comettes* que Pline appelle fixes.

La Cheveluë eft celle dont la matiere eftant plus épaiffe vers le milieu & plus rare aux environs, nous fait pareftre dans fon milieu vne lumiere plus vive, plus forte, & dans fon tour vne moins vive & plus foible.

Ce sont ces sortes de *Comettes* qui durent le moins, parce que toute la matiere est enflammée en mesme-temps, & par consequent se consume plus viste. Elles sont aussi d'ordinaire immobiles, ou marchent tres-lentement, n'ayant rien qui les oblige de se remuër.

Sous ces trois especes les Astrologues rangent tou-tes celles dont parle Pline dans le 25 Chapitre de son second livre; & Eupolde dans son Traitté V. des Re-volutions.

Quant aux noms particuliers des *Comettes*, les Astrologues les faisant naistre des aspects des Astres, & principalement des Planettes, leur donnent aussi des noms semblables, leur attribuant celuy de la Planette dominante à leur formation. Ainsi il y a des *Comettes* de Saturne, de Iupiter, de Mars, du Soleil, de Vénus, de Mercure, & de la Lune.

II. Parce qu'elles se forment toûjours sous quel-ques signes du Zodiaque, ou du moins sous quelque constellation qui répond à quelqu'vn desdits signes, on les nomme encore des noms desdits signes; & mesme dans leur marche on leur donne les noms de ceux sous qui elles passent. Ainsi il y a des *Comettes* du Belier, du Taureau, des Iemeaux, de l'Escrevisse, du Lion, de la Vierge, de la Balance, du Scorpion, de l'Archer, du Capricorne, du Verseau, & des Poissons.

Enfin elles en ont de propres, qui servent à les di-stinguer les vnes des autres, par qui nous allons com-mencer, pour poursuivre par ceux qu'elles tirent des Planettes, & enfin des signes, avec toutes les mar-ques necessaires pour les distinguer, & prévoir leurs effets.

La plus effroyable de toutes les *Comettes*, est celle que les Astronomes & Astrologues nomment en Latin *veru* ou *hasta*, en François *broche* ou *hache*, parce qu'elle paroist en plein jour, & mesme durant que le Soleil luit. Sa couleur est d'vn rouge épouventable, & elle annonce toûjours la perte de la plus grande partie des biens de la terre, la mort des Rois, des Grands, des perfonnes propres au Commandement, comme auffi des Riches.

La feconde eft nommée *tenaculum*, tenaille. Sa couleur eft comme celle de Mars, d'vn rouge menaçant. Elle jette fous elle vne fumée de couleur de cendre, & fignifie vne difette mediocre, des combats & querelles, qu'allumeront contre leur profeffion des gens d'Eglife. Ce qui fait dire aux Aftrologues, que les Princes doivent en ce temps fe deffier des morts au monde, qui tafchent d'y revivre.

La troifiéme eft nommée *pertica*, perche ou pique. Ses rayons font quelquefois lumineux, quelquefois obfcurs. Elle marque de la feichereffe, peu d'eau, peu de vins; & l'on doit prendre garde aux Planettes avec qui elle eft vnie, ou qui la regardent de quelque afpec, parce qu'elle varie fes effets felon leur nature. Si c'eft Saturne elle menace de mort les Vieillards, les Saturniens, Melancoliques, Religieux, &c. Si Iupiter, les Grands & les Rois en reffentiront les effets bons ou mauvais, felon que Iupiter fera bien ou mal difpofé. Si Mars, elle prédit des guerres, morts violentes, effufion de fang & des incendies. Elle ne peut eftre veuë avec le Soleil; mais fi elle s'y rencontroit, & que l'on la vift venir de deffous cet Aftre, elle annonceroit le décours des Monnoyes, des taxes & rabais fur les marchandifes où l'or, l'argent & les metaux entrent: Comme auffi emprifonnement de Financiers, Banquiers, Changeurs; & toûjours feichereffe. Si avec Vénus, feichereffe & grande diminution d'eau. Si avec Mercure, mort de jeunes-gens, Sçavants, Arithmeticiens, Artizans renommez. Si avec la Lune, mortalité parmy le peuple, le tout felon la difpofition de l'Aftre avec lequel elle eft vnie; c'eft à dire, plus ou moins felon qu'il fera fortuné ou infortuné.

La

La quatriéme est nommée *Miles*, le Soldat. Elle se distingue des autres non seulement par sa couleur & ses rayons, qui ressemblent à celle de la Lune ; mais encore parce que sa queuë est toûjours continuë. Les Historiens asseurent qu'il en parut vne de cette espece, quand Xerxes fit le traject d'Asie en Grece , & couvrit tout l'Helespont de Vaisseaux. Elle a encore cecy de propre , que lorsqu'elle paroist elle fait d'ordinaire tous les douzes, ou la pluspart des Signes avant que de finir. Elle menace les Princes, Nobles, Grands : qu'il s'elevera des hommes qui voudront changer les Loix anciennes dans les païs que sa queuë menace.

La cinquiéme est nommée *Dominus ascone*, autrement la Mercurialle , dont la couleur est d'azur Celeste ; la forme petite, & accompagnée d'vne queuë. Elle annonce, quand elle paroist, la mort des Rois, & des personnes dignes du Sceptre ; comme aussi des guerres pour les lieux que sa queuë montre.

La sixiéme est dite *Aurora*, ou la Matinale : Sa couleur tire sur le rouge clair. Quand elle paroist du costé d'Orient la teste en bas & la queuë en haut, elle prédit des guerres & des incendies, la peste & la famine dans l'Affrique & l'Egypte, avec vne grande seicheresse & peu d'eau , dont se ressentiront encore les Provinces Occidentales.

La septiéme est *Argentum* ou *Argenteus*, l'Argentine. Celle-cy par la clarté de ses rayons passe & fait disparoistre les Etoilles qui sont proches. Quand elle paroist & qu'en mesme-temps Iupiter est dans les Poissons ou dans l'Escrevisse, elle promet quantité de froment : & si Iupiter est dans le Scorpion, elle diminuë vn peu de ces bons presages.

La huitiéme est appellée *Rosa* , la Rose : Elle est grande, ronde, & porte souvent des taches comme la Lune, qui representent à peu prés, à nostre imagination, la figure d'vn homme comme nous la voyons sur

D

vne medaille. Elle fignifie la mort des Grands & perfonnes de Commandement , mefme des Rois, & la
naiffance de quelque Enfant qui fera parler de luy par
toute la Terre : de grands évenements & changements, qui feront neantmoins avantageux.

La neufiéme eft nommée *Niger*, la Noire , parce que
fa couleur eft noiraftre. Elle fignifie mortalité par
mort naturelle, par glaive , juftice, trahifons.

Voila les differents noms des *Comettes*, que nous ont
laiffé les Anciens, qui les confiderent enfuitte par rapport aux Planettes dont elles dépendent ; dépendance
qu'ils conjecturent & tirent de leurs couleurs differentes , & de la reffemblance qu'elles ont avec les couleurs des Planettes : ce qui fait qu'ils attribuënt

La Noire à Saturne, & difent qu'elle a principalement
du pouvoir , & fait reffentir fes effets fur tout ce qui dépend de Saturne. C'eft pourquoy il faut remarquer
(afin de ne rien obmettre dans ce Traitté qui puiffe
fervir à fon intelligence) que Saturne domine fur la
partie droite du Septentrion , fur la terre & l'eau, fur la
melancolie, & quelque peu fur le flegme craffe ; fur les
oreilles, la ratte, la veffie, l'eftomach, les nerfs & les os :
Que fon pouvoir eft plus grand fur les gens pâles, maigres, noirs, plaintifs, folitaires, craintifs , réveurs, gra-
ves, contemplatifs, maçons, achepteurs de rentes, vfu-
riers, ménagers , pefcheurs, marchands d'huiles, cuir,
poiffons, thuilles, pierres, aluns ; & que les maladies
qu'il caufe font catharres, lepres, chancres, pourritu-
res, fievre-quarte, opilations, hydropifie , flux de ventre, colique, hernie, mole, gouttes podagre, chiragre,
fciatique, èpylepfies , jucubes , folies, melancoliques,
hypocondriaques , difficultez de refpirer , & autres
engendrées d'humeurs craffes & ventofitez , qui durent
long-temps. Des âges, il gouverne avec empire la vieilleffe ; des parties de l'année, l'Automne ; des couleurs,
le noir, livide, tanné, obfcur ; des metaux, le plomb ;

des faveurs, l'aigre, aftringent & rude ; des jours , le Samedy ; des regions, la Baviere , Saxe, Romandiole, Conftance, & le premier climat : des lieux particuliers, les cavernes ,lacs , étangs, cloaques ; édifices anciens & ruinez , les Cimetieres & lieux triftes , obfcurs & puants. Quand donc la *Comette noire* paroîtra, elle aura fon effet fur toutes les chofes fufdites, caufera les maladies énoncées cy-devant, frappera principalement les parties que nous avons fpecifiées appartenir à Saturne, & celles qui dépendront du Signe où Saturne fe trouuera dans l'Horofcope d'vn chacun , comme auffi les chofes appartenantes à la maifon où fe trouvera ledit Signe.

HERMES affeure , que fi cette *Comette* fe trouve dans l'Horofcope du Monde, d'vn Royaume, ou dans celuy de fa revolution annuelle , elle menace de quantité de morts, de famine, de pefte , d'exils, de pauvreté, de larmes , de trifteffes , de mortalité de beftail, les animaux s'envenimans par les efpeces qui fortiront de leurs yeux ; de tres-grands froids, neiges, glaces, nuages épais ; de vents, de tempeftes, de naufrages, qui empefcheront la pefche & le commerce ; de deftruction de femences & fruits, en vn mot de mille maux ; & toûjours plus que qui ce foit les Saturniens cy-devant dépeints , qui en feront auffi de leur cofté mille autres aux hommes. Enfin , tous les lieux & Royaumes fujets à Saturne fouffriront & feront fouffrir de grandes traverfes ; le tout fur la bonne foy des Arabes & Sarazins qui nous l'ont prédit, depuis *Hermes* qu'ils citent.

La Tenaille, *Comette* de Iupiter, & l'*Argentée* qui luy eft commune avec Vénus, promettent (felon les mefmes Autheurs) de la fertilité, des vents falutaires, avec de grandes pluyes qui neantmoins feront vtiles. Si lefdites *Comettes* fe rencontrent dans vn Signe d'eau, & ce principalement pour les païs, perfonnes & chofes foû-

mifes à Iupiter, qui commande fur l'Occident, l'air, le
fang, les efprits vitaux, les polmons, les coftes, le foye,
les arterres, donne aux hommes qui luy font fujets,
vne ftature proportionnée, vne face pleine, les faic
chauves, & le refte de leurs cheveux frifez ou crefpez;
blancs de face, avec vn mélange mediocre & agrea-
ble de rougeur; les yeux affez grands, les narilles affez
courtes, & les deux dents de devant & d'enhaut plus
grandes que les autres, d humeur benigne, honnefte,
affable, gracieufe; de Condition, Religieux, Abbez,
Evefques, Prelats, Officiers, Magiftrats. Les maladies
qui dépendent de Iupiter, font les fievres ephemeres,
fquinancies, pleurefies, convulfions, apoplexies, &
autres provenantes de fang : Des âges il gouverne la
virilité : Des parties de l'année, le Printemps : Des
couleurs, le faphir, le citrin, le verdoyant meflé de
rouge : Des faveurs, le doux : Des metaux, l'eftain:
Des jours, le Ieudy : Des regions, Babylone, Perfe,
Hongrie, l'Efpagne, & le fecond climat. Des lieux
particuliers, les Privilegiez, Eglifes, Palais, les nets &
honneftes. La *Comette* de Iupiter, que nous nommons *Tenaille*, & l'*Argentée* qui luy eft commune avec
Vénus, ont leurs principaux effets fur toutes ces chofes : & ajoûtent aux maladies precedentes (felon les
Arabes, des coliques billieufes & pierreufes, la gonor-
rhée, lethargie, & autres femblables pour les jovia-
liftes.

Mars eft le Maiftre, ou Planette dominant des deux
Comettes que nous nommons, *veru* & *pertica*, la broche ou hache, & la perche ou pique. Son domaine
s'étend fur le Midy : le feu, les humeurs coleriques, les
reins, le foye, le fiel, & les parties naturelles. Les Martialiftes ont le vifage rouge, le poil roux, la face ronde,
le regard horrible, les yeux jaunes; font furieux,
cruels, hazardeux, fuperbes, Soldats, Capitaines,
Forgerons, Charbonniers, Boulangers, Alquemiftes,

Armuriers, Bouchers, Chirurgiens, Sergents, Bour-
reaux, felon qu'il eft bien ou mal difpofé. Ses maladies
font fievres-tierces & continuës, epidemie, peftilance,
migraine, charbons, feux-volages, puftules coleriques & ardentes, manie, frenefie, flux & vomiffements
de fang, paffions coleriques & aduftes. Des âges, il
gouverne la jeuneffe; des faifons, l'Efté; des couleurs,
le rouge; des faveurs, l'amer & mordicant; des metaux, le fer; des jours, le Mardy; des regions, la Sar-
matte, Getulie, Lombardie, & le tiers climat: Des lieux
particuliers, les Forges, les Monnoyes, Boucheries, &
tous lieux dediez au fer, au feu & au fang. Quand donc
ces *Comettes* paroiffent, elles ne manquent pas d'affliger plus que les autres les Martialiftes, qui ne manquent pas auffi de leur cofté de faire mille maux; &
font de plus fort mal-traittez des hemoragies, erefipe-
les, frenefies & avortements, qui accompagnent &
fuivent lefdites *Comettes*, qui caufent auffi (dit Hermes)
des vents peftilentieux, & frappent les fruits de la
Terre. Enfin, tout ce que peut produire vn air corrompu, avec vne bile brûlée, paroift aprés ces *Comettes*
funeftes; l'Air eft plein de foudres, la Mer de naufrages & pyrateries, la Terre de tumultes, de feditions,
d'incendies & de meurtres.

L'*Aurore* dediée au Soleil parbiffant dans l'Horofcope de quelque naiffance, fondation ou revolution, annonce de grands changements. Si elle eft dans l'Horofcope de l'Vnivers, la mort de quelque grand Perfonnage, ou Dame de condition; de grandes revolutions,
mais avantageufes dans les Royaumes; de longs tumultes, de longues guerres, beaucoup de feichereffe
& de chaleur, principalement pour ce que gouverne
le Soleil, qui commande fur l'Orient, & avec Mars fur
le Midy & le feu, fur le fang pur, fur les efprits vitaux,
les yeux, le cerveau, le cœur. Les hommes Solaires
font fages, prudents, difcrets, reglez, defireux de

D iij

loüange & de gloire , beaux , genereux , quelquefois bruns , de ftature mediocre, avec des yeux vn peu jaunes, & la barbe affez longue & touffuë. Leur tein, quand ils vont au Soleil, eft marqué ; & leur voix eft d'ordinaire affez groffe. Ils font Officiers, Magiftrats, Princes, Rois, felon que le Soleil eft difpofé & regardé des autres Planettes. Les maladies qu'il caufe , font rhumes provenans de chaleur , fluxions fur le vifage & les yeux, palpitation de cœur, douleur de tefte caufée de repletion de fang, ou d'avoir demeuré à fes rayons. Des âges, il gouverne le fort de la jeuneffe, & le commencement de la virilité. Des faifons, le commencement de l'Efté. Des couleurs, le jaune, le rouge-clair, la couleur d'or. Des faveurs, l'aigre-doux. Des metaux, l'or. Des jours, le Dimanche. Des regions, l'Italie, Sicille, Boheme, & le quatriéme climat. Des lieux particuliers, les Louvres, Maifons de Princes, Palais, Theatres, Places magnifiques. L'Aurore paroiffant, a fes principaux effets fur les perfonnes, lieux & chofes fufdites, & ne manque pas de faire décrier la monnoye d'or.

L'Argentée commune à Venus & Iupiter, promet ce que deffus. Mais

Le Soldat qui eft propre & dedié à Vénus feule, frappe les fruits & les eaux, promet des changemens de Loix & de Republiques , afflige les femmes & Religieufes de quelque dommage , & tombe principalement fur tout ce qui dépend de Vénus, qui gouverne la partie droite de l'Orient, l'air & l'eau , le flegme & fang mélez , les efprits & femences de generation , les reins , le ventre, le nombril , & vn peu le foye. Les enfans de Vénus font blancs ou bruns-blancs , avec quelque rougeur entremélée ; ont la face & le regard charmant, les yeux bleu-celeftes , font rieurs, joyeux, liberaux, danfeurs, parfumez, muficiens. Ses Charges dépendent de fon vnion avec les autres Planettes, parce que toute feule elle ne fait que des Adonis. Ses maladies font fiftules, foibleffe d'eftomach, de reins, de parties de generation, folies amoureufes, mal de Naples & fes femblables, caufées de matieres froides, humides & veneneufes. Son âge eft le commencement de l'adolefcence ; fa faifon, le commencement du Printemps ; fes couleurs, le blanc, le verd, l'incarnat, le citrin : Sa faveur, le doux & fucré : Son métail, le cuivre : Son jour, le Vendredy : Ses regions, l'Arabie, Auftrie, Suiffe, & le cinquiéme climat. Ses lieux, les jardins, fontaines, chambres parées de meubles propres & precieux, & tous ceux de divertiffement. Le Soldat menace donc toutes ces chofes, & ajoûte, felon les Arabes, aux maladies mifes cy-deffus, des hydropifies, falives acres, fueurs puantes.

Mercure eft le maiftre de la *Comette* qui porte fon nom, & elle fe fait fentir fur tout ce qu'il gouverne ; fçavoir, le Septentrion, l'eau & la terre, les efprits animaux, les temperaments mélangez, les mains, piez, bras, nerfs, bouche, langue, dents. Les Mercurialiftes ne font ny blancs ny noirs ; font de petite ftature ; ont les mains, doigts & la face longue ; le front élevé, le nez droit & vn peu long ; peu de barbe, affez de cheveux, les yeux petits & prompts. Il fait les hommes fubtils, haftifs, Poëtes, Advocats, Orateurs, Mathematiciens de toutes fortes, Devins, &c. & varie fes conditions avec les autres Planettes. Ses maladies font vertiges & legereté de cerveau, folies, empêchemens de langue & luette, excoriafions de piez, jambes, mains, qui reviennent de temps à autre. Son âge eft depuis fept jufqu'à quatorze ans. Sa faifon, l'Automne. Ses couleurs, les mélangées, étranges, diverfes. Ses faveurs, les fantafques & de nouveau gouft. Son métail, le mercure, ou argent-vif. Ses regions, l'Egypte, la Grece, l'Angleterre, la France, & le fixiéme climat. Son jour, le Mercredy. Ses lieux, les Boutiques, Marchez, Foires,

Salles, Parlements, &c. Sa *Comette* frappe tout cecy,
fans épargner les Sçavans, Poëtes, & Muficiens : prédit de plus la guerre, la pefte, la famine ; en vn mot,
rend les hommes & les élements fols.

La Rofe dediée à la Lune à caufe de fa figure, fes taches, & fa couleur femblables, tombe auffi fur ce qu'elle
gouverne ; fçavoir, la partie droite de l'Occident, l'eau,
le flegme, les fueurs & fuperfluitez des femmes, fur
l'eftomach, le ventre, le polmon, le cerveau, les mammelles & les yeux. Elle fait fes enfans de belle taille,
blancs, la face ronde, les yeux vn peu noirs ou bleu-
bruns, la barbe longue, affez de cheveux ; joint quelquefois les fourcils, les rend amiables, pacifiques, mo-
deftes voyageurs, Chaffeurs, Ambaffadeurs : donne
des charges de Police & Intendance fur le peuple. Ses
maladies font gouttes de toutes fortes, hydropifie,
apoplexie, paralyfie, catharres, tremblements, abatte-
ments de fommeil, flux de ventre, fiftules, vers, & provenantes d'humidité. Son âge eft l'enfance : Sa faifon,
l'Hyver : Sa couleur, le blanc ; Sa faveur, l'infipide :
Son métail, l'argent folidé : Son jour, le Lundy : Ses
regions, la Flandre, l'Affrique, & le feptiéme climat :
Ses lieux, les bois, fontaines, champs, rivieres, la mer,
l'Ocean, les deferts & chemins. La *Comette* de la Lune
afflige davantage toutes ces chofes que les autres, &
marque auffi quelques changemens de Loix & guerres
legeres.

Voilà les fonges fpecieux des Hebreux, Arabes,
Egyptiens & Sarazins, fur les couleurs des *Comettes*,
fans que je puiffe deviner ce qui leur a fait donner le
Tenaculum à Iupiter, ne trouvant pas beaucoup de rapport entre la defcription qu'ils nous font de cette *Comette* & Iupiter ; fi ce n'eft qu'ils foient fondez fur les
fuittes de fes effets, & beaucoup d'experiences. Ils
confiderent enfuitte les *Comettes* felon leurs diverfes
fcituations au regard des Planettes, en cette maniere.

ABENRAGEL

ABENRAGEL & les Arabes asseurent, que lors qu'vne *Comette* est élevée au dessus de Saturne , c'est à dire quand elle paroist devant Saturne sur l'horizon,& que Saturne est le premier des Planettes qui paroist ensuitte, elle signifie de grandes & fortes maladies.

Au dessus de Iupiter , la mort de quelques grands, illustres, & fameux Personnages.

Au dessus de Mars, quantité de procez & de guerres.

Au dessus de Vénus, seicheresse & peu d'eau.

Au dessus de Mercure, des querelles de jeunes-gens, des maladies & incommoditez.

Au dessus de la Lune , perte de biens pour plusieurs.

Au dessus du chef du Dragon , mort de Nobles & personnes estimées.

Au dessus de la queuë du Dragon, perte des biens de la Terre.

GEORGES VALLA asseure, que si la *Comette* tourne sa queuë du côté de Saturne, elle détruit les biens de la Terre, & cause la cherté des vivres.

Si vers Iupiter , elle abbat & menace de ruine les Maisons des Rois, Princes, grands Seigneurs.

Si vers Mars, des maladies aiguës, des guerres, meurtres, & grands changemens de Republiques.

Si au Soleil , recherche de Finances , affliction de Financiers, & rabais des Monnoyes. Ce qui arrive rarement, parce que rarement l'exhalaison qui compose la *Comette*, est assez forte & épaisse pour n'estre pas percée des rayons du Soleil, & les rejallir du costé de cet Astre. Et lors qu'vne *Comette* paroist de la sorte, il me semble que cette matiere doit se petrifier dans le milieu, & former quelque pierre, comme celle qu'Anaxagore prédit , & qui tomba dans l'Isle d'Eglos.

Si la queuë de la *Comette* est tournée du costé de Vénus, elle menace de mort les Reines, Imperatrices,

& Dames de condition , avec diffipation de leurs biens.

Si du cofté de Mercure, Iuftice & Gibets pour le peuple.

Si de celuy de la Lune, la mefme chofe, & de plus des foûlevemens.

PTOLOMEE veut que fi la *Comette* fe trouve en af-pect trine ou quadrat avec quelques-vnes des Etoilles fixes les plus confiderables , elle menace de mort les gens de Lettre & d'efprit : mais pourquoy non auffi fi elle leur eft vnie ou oppofée, il n'en dit rien?

PLINE veut de plus , que fi la *Comette* a la forme de quelque inftrument de Mufique ou d'autre Art, les fçavans en cet Art en foient frappez : ce qui doit s'en-tendre auffi , des marques de toutes les autres Condi-tions.

Enfin les mefmes Autheurs finiffent , en confide-rant les *Comettes* felon les fignes du Zodiaque fous qui elles paroiffent ou répondent : ce que nous allons faire, pour finir avec eux. Mais pour éviter les repetitions,

Il eft à remarquer, qu'en quelque figne que paroif-fent les *Comettes*, fi elles fe montrent vers l'Orient, c'eft à dire devant le Soleil levé , leurs effets arrivent peu de temps aprés : & qu'au contraire fi elles paroiffent du cofté d'Occident, c'eft à dire aprés le Soleil cou-ché , leurs effets mettent plus de temps à arriver.

Que pour fçavoir précifément le temps defdits ef-fets , il faut confiderer la maifon où elles fe trouvent dans l'Horofcope du Monde, pour prédire quand ce qu'elles cauferont en general arrivera, & celles où el-les font dans les Horofcopes des Royaumes, Provin-ces, perfonnes particulieres pour conjecturer , quand ce qu'elles prédifent en particulier doit commen-cer à affliger lefdits Royaumes, Provinces , perfon-nes; & remarquer combien il y a de maifons depuis le lieu de la *Comette*, jufqu'à l'afcendant de l'Horofcope

en queſtion , comptant ſelon l'ordre naturel des Signes, & donner à chaque maiſon deux mois , à vne
demie maiſon vn mois, à la quatriéme partie d'vne
maiſon quinze jours, &c. & le tout ſupputé) ſoit pour
les Predictions generales dans l'Horoſcope de l'Vnivers , ou pour les particulieres dans les Horoſcopes particulieres) dire que les effets commenceront à ſe faire
ſentir vers la fin du temps que l'on aura trouvé.

Pour connoiſtre auſſi les choſes qui s'en reſſentiront
le plus dans l'Vnivers, dans les Royaumes, Provinces,
&c. il faut remarquer ce que ſignifient les maiſons où
ſe trouve, & où paſſe, & principalement celle où finit
la *Comette*. Si c'eſt la premiere, aſſeurer qu'elle y produira des maladies : la ſeconde , des pertes de biens : la
ſeptiéme, des guerres & querelles : la dixiéme , des diſ-
graces & pertes de Charges, & ainſi du reſte.

D'autres veulent que pour ſçavoir le temps où les
effets de la *Comette* commenceront , l'on ſuppute le
temps auquel la Planette dominante ou le Soleil arri-
veront au lieu où a commencé ou finy la *Comette* , &
que l'on aſſeure qu'ils dureront autant que leſdits Soleil & Planette ſeront à paſſer les lieux qu'elle aura oc-
cupez durant toute ſa marche.

Mais comme nous approuvons plus la premiere des
manieres ſuſdites, nous conſeillons ceux qui voudront
ſçavoir le temps de la durée deſdits effets , de donner à
chaque maiſon qui ſe trouvera entre le lieu de la *Co-*
mette & l'aſcendant de quelque Horoſcope que ce ſoit,
vne année , comptant toûjours ſelon l'ordre naturel
des Signes : De ſorte que ſi la *Comette* eſt à la pointe de
la dixiéme maiſon , l'on diſe que les effets dureront
trois ans, parce qu'il y a trois maiſons entre ladite pointe & l'aſcendant ; ſçavoir la dixiéme , la onziéme, & la
douziéme maniere que j'ay trouvée ſi juſte dans la ſup-
putation du temps & des effets des Eclipſes, que je ne
m'y ſuis jamais trompé : ce qui me perſuade qu'elle ne

le fera pas moins à l'égard des *Comettes*.

P L I N E veut de plus, que quand vne *Comette* paroift au milieu d'vn Signe, elle prédife toûjours (de quelque nature qu'elle foit, & en quelque Signe qu'elle fe rencontre) des mœurs corrompuës, & des voluptez infames.

Et tous les Aftrologues font d'accord, que bien que la *Comette* afflige tous les lieux & perfonnes qui font foûmifes aux Signes où elle fe forme & paffe, comme auffi tous les Païs que fa queuë menace ; neantmoins, ceux qui font gouvernez par le Signe où elle finit en foient les plus affligez, & ce par les peuples qui dépendent des Signes d'où elle vient ; dautant qu'il en eft (à ce qu'ils difent) comme d'vne fléche qui couppe l'air par où elle paffe ; mais frappe plus fort le lieu où elle s'arrefte.

Cecy remarqué pour tous les Signes en general, je dis avec les Iuifs, Arabes, Sarazins, Égyptiens, Indiens, & principalement avec Hermes , & Abraham Iuif, que

La Comette du Belier ou Mouton , c'eft à dire celle qui paroift fous ce Signe, menace de quelque mal-heur confiderable les Riches, Grands & Nobles d'Orient, & les païfans de beaucoup d'incommoditez : prédit auffi des guerres, des effufions de fang, des incendies, des maladies d'yeux & de tefte ; la mort de quelque grand Perfonnage ou Dame de condition ; l'abaiffement des Illuftres , l'élevation des perfonnes de neant, & que les Religieux fe méleront de ce qu'ils n'auront que faire. Si elle paroift du côté d'Orient , elle ajoûte à tout cecy vne haine mutuelle entre les hommes : & fi c'eft du côté d'Occident qu'elle paroift , les Grands feront mal-traittez des Souverains, & les Provinces Occidentales fouffriront beaucoup de meurtres, de pluyes, d'inondations & de neiges. Mais principalement & fur tous ceux qui feront nez fous le Belier, ou qui l'au-

ront dans quelque angle de leurs Horofcopes, doivent
s'attendre à fouffrir, ou du moins à voir quelque horrible tragedie. Le Belier gouverne le milieu de l'O-
rient, le feu, les humeurs coleriques & aduftes ; le commencement du Printemps, depuis le 20 Mars jufques
au 19 Avril ; la tefte, le nez, la face, les oreilles & les
yeux ; les maigres, roux, camus, coleres, robuftes,
adroits, & en general tous les Martialiftes, eftant maifon de Mars. Ses maladies font, apoplexie, manie,
flux de fang, rougeurs de vifage, avortemens, cheutes, playes, en vn mot les violentes & fougueufes. Ses
couleurs, le rouge, jaune, & fanglant : Ses faveurs, le
doux & falé : Ses regions, la Bretagne, Allemagne,
Idumée, Iudée, Angleterre, Naples, Florence, Favan-
ce, Imole, Capouë, Ferrare, Vincence, Veronne,
Pavie, Cracovie, Marfeille, Sarragoffe, & le troifiéme
climat. Ses lieux particuliers, les champs, pafturages,
& ceux que nous avons donnez à Mars.

La *Comette* du Taureau, perte de biens & rebellions
pour ceux qui font fujets à ce Signe : la mort de quelque Grand-Homme ; des captivitez & injures ; grande
licence & authorité des méchans ; perte de beftail &
de moiffons ; grand froid, grands vents, grands tremble-terres, avec des maladies feiches & fortes. Si elle
paroift en Orient, les Rois doivent fe garder de leurs
ennemis. Si en Occident, elle annonce de grandes
pluyes & maladies en Automne. Le domaine du Taureau s'étend fur la partie gauche du Midy, fur la terre,
les humeurs melancoliques, le milieu du Printemps,
depuis le 19 Avril jufques au 21 May : Sur les genfi-
ves, dents, machoires, & le col. Il fait fes enfans
charnus & petits, donne de groffes épaules, des yeux
grands outre mefure, & des ventres larges. Ces perfonnes font d'ordinaire liberales, voluptueufes, véri-
tables ; addonnées aux intrigues d'amour, aiment la
dance & le jeu ; & les hommes font fujets au bois. Ses

maladies font catharres, écroüelles, fquinancies, &
toutes celles du col. Ses couleurs, le verd & le blanc.
Sa faveur, le doux avec aftriction. Ses regions, l'Afie
Mineure, Cypre, Medie, Perſe, Campanie, Rhetie,
Suiffe, Lorraine, Boulogne en Italie, Siene, Mantoüë,
Tarente, Parme, Panorme, Salerne ; & le fixiéme cli-
mat. Ses lieux, tous les champs & jardins bien labou-
rez & entretenus. Il loge Vénus, & par confequent fa
Comette menace plus que quique ce foit les Veneriens
qui font fous fon domaine.

La *Comette* des Iemeaux annonce des fornications,
inceftes, adulteres, le mépris de la Religion, des Prê-
tres, Religieux, Beneficiers : Prédit des querelles &
femences de guerres ; la mort des enfans & jeunes-
gens ; des oyfeaux & animaux à plume ; des avortemens : la famine & perte de fruits par grands vents. Si
elle paroift en Orient, elle joint à tout cecy des pertes
de charges & dignitez pour plufieurs grands Perfonnages. Si en Occident, des pluyes, des inondations,
des captivitez. Les Iemeaux regiffent la partie droite
d'Orient, l'air, le fang, la fin du Printemps depuis le
21 May jufques au 21 Iuin. Les épaules, bras & mains
logent Mercure, & font la taille mediocre, la face
belle, abondance de poil, les yeux petits ; les perfonnes laborieufes, fubtiles, ingenieufes, prudentes,
ployables, temperées comme nous avons dit en par-
lant de Mercure. Leurs maladies font celles que gouverne ce Planette. Leurs faveurs & couleurs font femblables aux fiennes. Les regions qu'ils dominent font,
l'Hircanie, l'Armenie, la Mantinique, l'Egypte baffe,
la baffe Angleterre, Sardaigne, Brabant, Flandres,
Lombardie, Viterbes, Vercelles, Noremberg, Lou-
vain, Mayence, Bruges, Londres, Paris, Cordube.
Leurs lieux font les Foires, Efcoles, Boutiques, Salles
de Concert & Comedie, Montagnes & lieux de chaffe
d'Oyfeaux.

La *Comette* de l'Efcreviffe prédit quantité de faute-relles & infectes, qui détruiront les biens de la Terre; des guerres, difcordes, & autres mal-heurs en quantité; la mort de l'heritier du Royaume, de quelque Prince ou Dame de condition; des fubmerfions & brigandages; la pefte & la famine, qui feront plus grandes vers la fin de l'année, fi elle paroift du cofté d'Orient : fi c'eft du cofté d'Occident, elle annonce que le Roy accordera plufieurs graces, privileges & remiffions aux gens des champs. Le figne de l'Efcreviffe gouverne le cœur du Septentrion, l'eau, les humeurs cruës & flegmatiques; le commencement de l'Efté depuis le 21 Iuin jufques au 22 Iuillet; la poitrine, les côtes, les polmons, les mammelles, l'eftomach : Fait les gens comme la Lune dont il eft la maifon, & a les mefmes maladies qu'elle : Ses couleurs font le blanc & le blond : Sa faveur, le falé : Ses regions, Bitynie, Phrygie, Affrique, Carthage, Efcoffe, Grenade, Comté de Bourgongne, Pruffe, Hollande, Zelande, Conftantinople, Thunis, Venife, Milan, Gennes, Lucques, Pife, Treves, Magdebourg, Berne. Ses lieux, Lacs, Eftangs, Rivieres, Fleuves, Mer & fes Ports.

La *Comette* du Lion prefage vne grande multitude de loups, qui devoreront beaucoup de monde; des vers qui diffiperont le grain, deftruction de biens, cheutes de maifons, la mort de quelque grand Capitaine & Dame de condition; guerre entre les Rois, & grande effufion de fang vers la fin de l'année; chiens enragez, douleurs d'yeux. Si elle paroift vers l'Orient, grande feichereffe, grands vents, grands tonnerres. Si vers l'Occident, maladie, rage de loups & de chiens. Le Lion gouverne la partie gauche d'Orient; le milieu de l'Efté, depuis le 22 Iuillet, jufques au 23 Aouft: le feu, la colere, le cœur, l'eftomach, le foye, le dos : fait les gens droits, hauts de taille, le nez large & petit; les oreilles grandes, le regard étrange, la

face brune, le corps rougeâtre; chauves, magnanimes,
de grand cœur; Princes, Officiers, Magiſtrats, Gou-
verneurs de Rois. Ses maladies ſont cardiaques, trem-
blemens de cœur, ſyncopes. Ses couleurs, comme le
Soleil qu'il loge, le jaune & le roux. Ses ſaveurs, l'a-
mer & fort. Ses regions, l'Italie, France, Apulie, Sicille;
Caldée, Boheme, Rome, Ravennes, Pragues, Vlme,
Mantouë, Cremone, Siracuſe. Ses lieux, Terres de
Nobles, Châteaux, Villes, Palais, édifices Royaux.

La *Comette* de la Vierge, la deſtruction de quelques
domeſtiques des Rois, qui ſeront conduits de lieu en
lieu vers les confins du Royaume (avec perte de leurs
biens) ſans eſperance d'y rentrer jamais, à moins que
quelque grand bon-heur ne s'y oppoſe dans leurs Horoſcopes. Perte pour les Marchands; grandes injures
& injuſtices des hommes les vns envers les autres;
grands travaux, fievres, puſtules, avortemens, & plus
de maladies pour les femmes que pour les hommes. Si
elle paroiſt du côté d'Orient, des guerres: ſi vers l'Occident, des querelles & luxures. La Vierge gouverne
la partie droite du Midy; la fin de l'Eſté, depuis le 23
Aouſt juſques au 23 Septembre; la melancolie, les
boyaux, le ventre, le diaphragme: Elle fait les perſonnes de mediocre grandeur, le corps droit, la face belle,
la voix bonne, les cheveux creſpez, les yeux vn peu
petits; prudents, dociles, ingenieux, deſireux de gloire;
en vn mot, des enfans de Mercure qu'elle loge. Ses
maladies ſont coliques iliaques, &c. Ses couleurs, le
blanc & le pourpre. Ses ſaveurs, les aſtreingentes. Ses
regions, la Grece, l'Achaïe, Crete, Meſopotamie,
Aſſyrie, Cilicie, Athénes, Rhodes, Alexandrie, Ieru-
ſalem, Corinthe, Tarente, Benevent, Ferrare, Pavie,
Baſle, Paris, Lyon, Toloſe. Ses lieux particuliers,
Foires, Boutiques, Eſcoles, Terres ſemées, &c.

La *Comette* de la Balance, larcins & brigandages
ſur les chemins; crainte vniverſelle de tomber dans la
pauvreté,

pauvreté; mort de Princes; meurtres par trahifons; conjurations cachées & à craindre; perte de marchandifes; peu de pluyes; tariffement des fontaines; grands vents; peu de froment; & quelque part vn effroyable tremble-terre. Si elle paroift du cofté d'Orient, ces infortunes menacent particulierement le Roy de Babylone; & il y aura de plus, grande cherté de beftes à charge & chevaux: grandes guerres en Italie, & les terres qui en dépendent. Si en Occident, les Valets feront infupportables, & les biens de la terre en mediocre quantité. La Balance domine fur le milieu de l'Occident; fur le commencement de l'Automne, depuis le 23 Septembre jufques au 23 Octobre; fur l'air, le fang, les reins; & fait fes enfans fimples, honorables, de belle face, avec blancheur par tout le corps; les yeux vn peu troubles ou gâtez; Ioüeurs, Danfeurs, Muficiens, Chaffeurs, & Iuges. Ses maladies font fuppreffion d'vrine, flux de fang par bas, pierre aux reins, obfcurité d'yeux. Sa couleur, le verd. Ses regions, Bactriane, Cafpie, Thebes, Troglotide, Ethiopie, Tufcie, Auftrie, Savoye, Dauphiné, Gayette, Plaifance, Argenton, Vienne en Auftriche, Francfort, Spire, Augufte, Arles, Lifbone. Ses lieux, ceux où l'on juge les Procez, les hauts & montagnes portans vins, fruits & bleds. Elle loge Vénus, & fes amis en dépendent.

La *Comette* du Scorpion, quantité de guerres & rebellions, murmures de Soldats qui demanderont des chofes impoffibles; grandes querelles entre les Grands; grandes eaux en certains temps, mort de perfonnes Illuftres; perils de femmes groffes; douleurs de matrice, tefticules, côtez, veffie, & corruption affeurée des biens de la terre. Si en Orient, peu d'eau, rage de loups & de chiens. Si en Occident, fauterelles qui feront peu de mal. Le Scorpion domine fur la partie gauche du Septentrion; fur le milieu de l'Automne, depuis le 23 Octobre jusques au 23 Novembre ; sur les humeurs flegmatiques & aquofites , & les parties de generation. Ses enfans font affez difformes, de poitrine large , de tefte mal-baftie ; grands parleurs, mocqueurs, menteurs, gourmands, traiftres, efpions & empoifonneurs. Ses maladies font obfcurité d'yeux, teignes, chancres, lepres, dartres au vifage & par tout le corps : Il menace de plus, de medecines violantes & de poifons. Ses couleurs font le rouge & tanné : Sa faveur, le falé & infipide. Ses regions, la Syrie, Capadoce, Morée ou Moravie, Catalogne, Baviere, Trapezonce, Saxe, Padouë, Vrbin, Brixie, Valence en Efpagne, & Vienne en Dauphiné. Ses lieux particuliers, les vignes & jardins mal cultivez & raboteux; les deferts , caves, cachots, & tous ceux où les fcorpions, ferpens, vers, crapaux & infectes fe plaifent. Il loge Mars, & gouverne les Martialiftes.

La *Comette* de l'Archer ou Sagittaire prédit l'abaiffement de quelques perfonnes de naiffance, de fcience, de doctrine, de loix ; & menace principalement les Financiers, Secretaires, Ecrivains, Notaires, Sergents; en vn mot, tous les hommes de plume de fuppreffion de leurs Offices : Des vexations & captivitez pour les Nobles, avec des querelles, guerres , & accidents femblables. Si elle paroift vers l'Orient, elle annonce la mort des Rois & Empereurs; des combats, larcins, & peu de revenu des heritages. Si vers l'Occident, des imaginations & fonges terribles , avec avortements. Le Sagittaire commande fur la partie droite d'Orient; fur la fin de l'Automne depuis le 23 Novembre jufques au 21 Decembre ; fur le feu, la colere, les cuiffes, & toutes les parties fuperfluës, comme feroit vn fixiéme doigt, &c. Il fait les gens de haute & droite ftature, de face roufsâtre ou jaune , la poitrine ample , les yeux de chat, juftes, pitoyables & ceremonieux ; Magiftrats, Prelats, Beneficiers, Marchands , & Chaffeurs. Ses

maladies font obfcuritez d'yeux, tayes & cataraƈtes,
cheutes de haut, bleffures par chevaux, fievres &
playes. Sa couleur, le jaune clair: Sa faveur, le fort &
aigre, avec quelque douceur entremélée: Ses regions,
Tufcie, Efpagne, Arabie heureufe, Portugal, Hongrie,
Sclavonie, Volterre, Mutine, Bude, Cracovie, Nar-
bonne, Avignon, Tolete. Ses lieux, jardins, chemins,
montagnes, & pâtures de chevaux. Il loge Iupiter &
fes dépendans.

La *Comette* du Capricorne, ou Bouc, prefage des
fornications, des guerres entre les Rois & Nobles, ca-
lamité & infortunes pour plufieurs, querelles, brigandages; mort de Souverains, Rois, Empereurs, Papes;
mépris des Religieux; perfecution des bons; grand
hyver avec neiges & grefles qui cauferont en quelque
contrée la perte des biens de la terre. Si elle paroift en
Orient, les Rois feront traverfez de leurs ennemis; &
la mort des vns & des autres pourra bien arriver, avec
vne efpece de renouvellement d'Eftat: Elle caufera
auffi de grandes neiges & pluyes, qui n'empefcheront
pas neantmoins les bleds & les vins de fe fauver. Si elle
fe montre en Occident, elle produira quantité de
pluyes, d'herbes & de fourages. Le Capricorne domine fur le cœur du Midy; fur le commencement de
l'Hyver depuis le 21 Decembre jufques au 19 Ianvier;
fur la Terre, la melancolie & les genoux: Il fait les
perfonnes de petite ftature, de tefte ronde & petite;
la face brune; le nez & les yeux beaux; coleres, triftes,
fecrets, prudents, & trompeurs fans que l'on s'en ap-
perçoive, laboureurs, pafteurs, achepteurs de rentes,
& meffagers. Ses maladies font galles, rognes, difformitez de peau, empefchemens de voix, d'yeux, d'ouye,
& flux de fang par bas. Sa couleur eft noire & cen-
drée: Sa faveur, l'amer aftringent: Ses regions, Macedoine, Thrace, Inde, Brandebourg, Ancone, Fa-
yençe, Tortonne, Aufbourg, Conftance, Gand,

F ij

Malines. Et ses lieux particuliers, les fontaines, jardins, terres cultivées, prisons, cavernes, lieux obscurs & profonds, pleins de fumée & vapeurs. Il loge Saturne, & fait des melancoliques.

La *Comette* du Verseau, grandes guerres, grandes justices : mort d'vn Roy ou Prince d'importance, ou enfin d'vne Dame illustre vers l'Orient. Elle ajoûte à ce mal-heur, des guerres d'vne longue durée, & des maladies parmy le peuple : de l'obscurité & des foudres dans l'air : plusieurs morts inopinées de grands Personnages, & vne peste déplorable. Si elle paroist vers l'Orient, elle produit quantité d'herbages : Si vers l'Occident, plusieurs bruits & nouvelles qui tendront à exciter des mouvemens, & en feront emprisonner plusieurs. Le Verseau gouverne la partie gauche d'Occident ; le cœur de l'Hyver depuis le 19 Ianvier jusques au dix-neuf Fevrier : l'air, le sang, & les jambes. Il fait les personnes belles, les visages longuets, la face vn peu rouge, la poitrine ou le coude marquez, affables, sociables, avares, prudents, & melancoliques à cause de Saturne qu'il loge. Ses maladies sont fievres quartes, jaunisse noire, & celles de Saturne : Ses couleurs, le verd & jaune obscurs : Sa saveur, le doux : Ses regions, l'Arabie, Ethiopie, Sarmatie, Oxiane, Tartarie, Danemarc, Piedmont, Montferrat, Pisaure. Ses lieux, les lacs, estangs, cloaques, caves, sepulchres, maisons infames.

La *Comette* des Poissons menace de grandes guerres, seditions, morts mutuelles, le peuple d'vn pauvre Estat, & de beaucoup de mal-heurs : annonce plusieurs disputes de Religion & de Foy : quantité de prodiges dans l'air : des tempestes & naufrages qui empescheront entierement la pesche : des guerres entre les Rois, & des rebellions en mesme-temps entre leurs Sujets. Si elle se montre du côté d'Orient, elle seme des tumultes, des discordes, des seditions entre les trois

Eſtats, avec pillements & ſaccagements de maiſons &
treſors, & de grandes cheutes de pluyes. Si vers l'Occident, elle ſeme la mort en pluſieurs climats, principalement vers l'Occident , avec vne grande conſter-
nation d'eſprits durant trois années conſecutives :
grande quantité de volatilles abatuës par les pluyes,
& de poiſſons jettez hors des fleuves par les inondations. Les Poiſſons gouvernent la partie droite du
Septentrion : la fin de l'Hyver depuis le 19 Fevrier juſques au 20 Mars, l'eau, le flegme, les aquoſites & les
piez : Fait les perſonnes blanches & délicates, le front
beau , comme auſſi la poitrine & la barbe : les yeux
grands & ouverts ; aſſez maladives , & portées à la
navigation & à la peſche. Leurs maladies ſont galles,
vlceres, difformitez de peau, & douleurs de piez. Ils
logent Iupiter & ſes enfans : leur couleur ſont le verd
& blanc ſeparez & mélez : leurs ſaveurs, le ſalé & in-
ſipide : leurs regions, la Lydie, Lycie , Cilicie, Pam-
philie , Calabre , Normandie , Ratiſbone , Rouën,
Compoſtelle : leurs lieux , tous les aquatiques.

Enfin les *Comettes* dans les ſignes de feu, ne manquent gueres de cauſer des maladies chaudes, coleriques, & tout ce qui a du rapport à cet Element, dont
les ſignes ſont le Belier, le Lion & l'Archer ; mais ſur
tout des guerres.

Les *Comettes* dans les ſignes d'air, ne manquent pas
auſſi de le corrompre, & d'avoir leurs principaux effets ſur ce que gouvernent ſes ſignes , qui ſont les Iemeaux , la Balance, le Capricorne, où elles produiſent
des vents, des ſeditions, & quelquefois la peſte.

Il en eſt de meſme des *Comettes* qui ſont dans les ſignes d'eau , l Eſcreviſſe , le Scorpion , les Poiſſons,
dans qui elles annoncent de grandes cheutes d'eau qui
cauſeront la ſterilité & la peſte.

Celles qui ſe rencontrent dans le Taureau, la Vierge
& le Capricorne, ſignes de terre, frappent tout ce qu'ils

gouvernent, & amenent toûjours vne grande feichereffe & fterilité.

Voilà tout ce qui eft neceffaire pour connoiftre la
formation des *Comettes*, les lieux où elles fe forment &
paroiffent, leurs natures, leurs efpeces, leurs noms, leurs
fignifications, le temps auquel encommenceront les
effets, & combien ils doivent durer. Pour le premier
Difcours, comme il ne contient qu'vn éclairciffement
fur la matiere & la maniere dont elles font formées; le
lieu où elles paroiffent & marchent, & la façon dont
elles peuvent agir fur les chofes d'icy - bas, nous l'a-
vons écrit felon nôtre penfée, & croyons ne nous
eftre aucunement éloignez de la verité. Pour le fecond, nous-nous croyons obligez d'avertir, qu'il n'en-
ferme qu'vn amas d'opinions tirées des Hebreux, Arabes, Caldéens, Egyptiens & autres, que nous citons
pour fervir de divertiffement, & defabufer pluftoft les
efprits, que pour les feduire; ne les ayant leuës nous-
mefmes, qu'afin de ne pas ignorer les folies des Sçavans,
qu'il faut fçavoir dans le fiecle où nous vivons, pour
eftre fages, & defabufer quantité d'efprits foibles &
credules, qu'vn tas d'ignorans amufent, fans fçavoir
eux-mefmes (comme nous avons reconnu dans plufieurs rencontres) les principes de l'Aftrologie.

TROISIE'ME DISCOVRS.

*Où la pratique de ce Traitté eft enfeignée, par
l'application que l'Autheur en fait à la
Comette qui paroift.*

APREZ avoir fuppofé, felon nos principes, que
les *Comettes* font des exhalaifons allumées par la
reception de la lumiere des Aftres dans la fublime region de l'air, & prié le Lecteur de ne pas trouver

mauvais fi je change l'ordre que je devrois, ce femble, tenir dans ce dernier Difcours, à caufe de quelques termes qui ne feroient pas affez clairs fi je le fuivois. Ie dis que

La *Comette* que nous voyons eft, felon Ariftote, de l'efpece des *Pogonies* ou *Barbuës*, comme il paroift par fa figure, & la defcription de ce Philofophe mife au commencement de noftre fecond Difcours (felon la divifion ordinaire) elle eft de l'efpece des *Comettes à queuë*, pour les raifons marquées au mefme lieu.

La Planette dominante qui luy donne fon nom, eft Vénus : ce qui paroift par fa couleur, qui tire fur celle de la Lune ; par fa queuë, qui a toûjours efté continuë, & par la moitié entiere du Ciel qu'elle a traverfé : ce qui convient entierement à la definition que les Anciens nous ont laiffé, des *Comettes* de Vénus.

C'eft pourquoy, bien que plufieurs l'attribuënt à la Lune, à caufe de cette reffemblance, je dis qu'elle ne doit pas eftre donnée à cette Planette, n'ayant pas les taches requifes pour luy reffembler : qu'elle n'eft pas non plus de Saturne, comme veulent quelques-autres, n'eftant pas affez noire.

Qu'elle n'eft pas encore le *Tenaculum*, ou *la Tenaille* de Iupiter, comme il femble qu'elle devroit eftre, fi ceux qui l'attribuënt à Saturne avoient raifon, lors qu'ils nous la dépeignent avec vne queuë de couleur de cendre ; parce que l'ayant confiderée plufieurs fois, je ne l'ay jamais remarquée de cette couleur, & l'ay toûjours veuë comme elle doit eftre, pour eftre nommée comme je fais,

Le Soldat de Vénus.

Nom qui fuffit, pour faire connoiftre aux Curieux qui voudront relire noftre fecond Difcours, ce qu'elle prognoftique, felon fon nom propre, fon nom Planetaire, & les Signes qu'elle a paffez.

C'eft pourquoy je mets feulement (parce que je ne

l'ay pas aſſez ſpecifié) qu'elle ſignifie de grands arme-
mens & trajets de Mers ; vne ſemblable ayant paru,
comme nous avons dit , quand Xerxes couvrit tout
l'Heleſpont de Vaiſſeaux.

I'ajoûte qu'elle a eſté exaltée ſur toutes les Planettes,
mais principalement ſur Mercure , qui eſtoit tres-
proche du lieu où elle a commencé de paroiſtre : le
Soleil ſuivoit Mercure ; Saturne, Mars, Vénus, Iupiter, marchoient enſuitte : mais la Lune eſtoit exaltée
au deſſus de la *Comette*, & frappée de ſa queuë : ce qui
ſuffit , pour entendre nos Aphoriſmes. Et ainſi il ne
nous reſte plus qu'à découvrir le Signe ſous qui elle a
commencé de paroiſtre , ceux qu'elle a traverſez, &
celuy enfin ſous qui elle doit, ſelon l'apparence, finir,
puiſque l'on ne me permet pas de retenir ce Traitté,
juſques à ce qu'elle diſparoiſſe : Ce qui m'oblige de dire
que ſelon ma penſée

La multitude des vapeurs & exhalaiſons a commencé de s'élever vers la fin du mois de Septembre ;
parce qu'en ce temps le Soleil eſtoit joint à Vénus,
Planette dominante de la *Comette ;* dans la Balance ſigne d'air , où ſe trouvoit auſſi Mercure , preſt d'entrer
dans le Scorpion maiſon de Mars , où Mars meſme
l'attendoit ; Saturne eſtant en meſme-temps dans vn
ſigne de feu , & Iupiter dans vn ſigne d'air.

Ie dis ſecondement, que la quantité des exhalaiſons
s'eſt augmentée dans le mois d'Octobre , principalement depuis le 18 , la Lune s'eſtant trouvée depuis ledit
jour juſques au 25 , avec toutes les Planettes : ce qui
marque vne grande force , & par conſequent vne attraction extraordinaire de vapeurs & d'exhalaiſons ; &
paroiſt d'autant plus plauſible, qu'en ce temps (contre
la coûtume) nous n'avons point eu de tonnerres, bien
que nous ayons eu des pluyes continuelles : ce qui doit
faire croire, que les exhalaiſons ont eſté élevées plus
haut qu'à l'ordinaire , & que les ſeules vapeurs ſont
recheutes.   Enfin

Enfin ma penſée eſt , que l'attraction des exhalaiſons épaiſſes, gluantes & combuſtibles, s'eſt faite dans
le mois de Novembre, Mars ayant eſté durant tout ce
mois , en conjonction, ou platique, ou partile avec
Saturne.

Pour le lieu où leſdites exhalaiſons ont eſté attirées,
je ſoûtiens que c'eſt ſous le Scorpion ; parce qu'au
commencement dudit mois de Novembre, Vénus,
Mercure & le Soleil eſtoient dans ce Signe.

Et j'aſſeure encore qu'elles ſe ſont preſſées, liées &
vnies ſous la queuë du meſme Scorpion ; dautant que
le Soleil eſtoit dans ladite queuë, quand Mars & Saturne ont commencé à s'vnir partilement pour ou-
vrir les pores de la terre, & faciliter au Soleil l'attraction des exhalaiſons épaiſſes & gluantes.

D'où je concluds que le lieu où la *Comette* s'eſt for-
mée & allumée, eſt ſous la queuë dudit Scorpion, ſi-
tuée prés de la voye lactée, où nous avons remarqué
que ſe forment les *Comettes*.

Quant au jour qu'elle a commencé d'eſtre enflammée , aprés avoir dit que le Soleil a mis tout le reſte de
Novembre juſques au 9 Decembre, à cuire, ſeicher, &
diſpoſer l'exhalaiſon, je ſoûtiens qu'elle doit s'eſtre allumée ledit jour 9 Decembre ; parce que le Soleil arri-
voit ce jour au 17 & 18 degrez de l'Archer, qui eſtoient
le lieu de Vénus, Planette dominante, quand Saturne
& Mars en vnion l'aidoient à attirer avec le Soleil leſdites exhalaiſons ; & qu'ainſi c'eſt ſans doute le 9 Decembre qu'elle a paru la premiere fois.

J'ajoûte qu'outre le mouvement du premier mobile,
elle a eu dés le meſme jour ſon mouvement propre,
contre l'ordre des Signes vers l'Occident, & qu'elle eſt
venuë en trois jours de la queuë du Scorpion, à la teſte :
parce que le 12 Decembre à 17, ou le 13 à cinq heures
du matin (c'eſt la meſme choſe) comme la Lune paroiſſoit à quelques 18 degrez d'élevation , j'entrevis

G

(fans y faire reflexion) l'horizon vers le tropique du Capricorne, plus lumineux que de coûtume.

Le 13 à 17 heures 58 minutes, ou le 14 à 5 heures 58 minutes, je la pris (comme j'ay dit au commencement de ce Traitté) pour la lance Auftrale, percée ou fortifiée des rayons du Soleil.

Le 15 à la mefme heure du matin, c'eft à dire vers les 6 heures, l'obliquite du Zodiaque obfervée (ce que plufieurs n'ont pas fait) elle répondoit à la cuiffe droite du Centaure; ce qui me la fit juger au 24 de la Balance.

Le 17, toûjours à peu prés au mefme-temps, j'apperceus feulement (parce que le temps eftoit chargé) qu'elle avançoit toûjours.

Le 21, encore à 6 heures du matin, je vis qu'elle avoit paffé de quelque 4 degrez l'aifle droite du Corbeau: ce qui montroit évidemment qu'elle eftoit arrivée au premier degré de la Balance, fans s'eftre depuis la première fois approchée davantage du Zodiaque, que d'vn degré tout au plus, fa queuë biaifant feulement vn peu plus vers le haut du Ciel.

Le 25, à la mefme heure, elle répondoit au pied de la couppe, & ainfi elle eftoit dans le 18 de la Vierge; quoy que plufieurs ayent voulu qu'elle n'ait efté qu'au 30 degré dudit Signe.

I'ay depuis negligé de l'obferver jufques au 8 de ce mois, que je me refolus de faire ce prefent Traitté, ayant appris que S. A. S. MONSEIGNEVR LE PRINCE agréoit fort d'en entendre difcourir : c'eft pourquoy je me contente de dire, qu'elle a paffé du Scorpion par la Balance, la Vierge, le Lion, l'Efcreviffe, les Iemeaux, jufques à la tefte du Taureau, où elle eft aujourd'huy 18 Ianvier; s'eftant approchée davantage vers fa fin de l'Ecliptique, qu'elle n'avoit fait dans fon commencement; je dis fa fin, parce que felon toutes les apparences elle doit finir bien-toft, eftant fort proche de la queuë du Belier, Signe de Mars, auffi-bien que le

Scorpion où elle a commencé, & n'ayant plus (pour
ainfi dire) de mouvement : ce qui marque qu'elle n'a
plus de matieres qui attirent fa flâme.

De tout cecy il paroift , que c'eft dans les defcriptions
que nous avons fait des Signes fufdits , qu'il faut aller
voir ce que noftre *Comette* fignifie, & que j'auray fatis-
fait à ma promeffe quand j'auray dit que la queuë du
Scorpion finit la cinquiéme maifon de l'Horofcope de
l'Vnivers, & que la tefte du Taureau commence la 11 :
ce qui doit s'entendre auffi de la France, qui ne differe
de celuy du Monde que de 6 degrez : Mais pour cette
année 1665 , la queuë du Scorpion tient le milieu du
Ciel, eftant dans la 10 maifon juftement au milieu, &
la tefte du Taureau le milieu de la 4 ; d'où il paroift,
que dans deux mois & demy nous commencerons à
reffentir les effets de la *Comette* , & que tout l'Vnivers
nous tiendra compagnie durant deux années & davantage ; parce que c'eft d'ordinaire à la revolution ou horofcope annuelle qu'il faut s'attacher le plus.

Ie dis enfin que nous n'avons eu qu'vne *Comette*, parce
qu'eftant (comme j'ay fpecifié) de Vénus, fon inclination eft d'aller fort vifte : qu'en fupputant fon mouvement nous trouverons vne marche affez reglée , fi ce
n'eft vers fa fin où elle a efté retardée par la matiere
moins cuitte, à caufe de fon plus grand éloignement
du Soleil & des Planettes, comme auffi par les humidi-
tez que les parties confumées y ont rechaffé.

Que fi elle a paru plus élevée vers fa fin & fon milieu, ce n'eft qu'à caufe qu'elle a fuivi le Zodiaque, qui
eft plus élevé fur nôtre hemifphere, vers les Signes des
Iemeaux, de l'Efcreviffe, du Lion.

Que fi elle a paru fans queuë, ce n'eft que lors qu'elle
eftoit oppofée au Soleil, qui la chaffoit vers le Ciel, &
que le corps de la *Comette* nous l'a cachée durant ce
temps : Enfin que fi fa queuë a fait vn demy-tour en-
tier, cette variation ne vient que de fa differente fitua-

tion à l'égard du Soleil ; ce qui nous doit convaincre qu'elle n'est pas composée de petites Etoilles erratiques, comme aussi les bluettes de feu que plusieurs personnes dignes de foy témoignent en avoir veu sortir, qui ne peuvent venir que de quelque sel ou humidité enfermez dans l'exhalaison. En vn mot, ce qui me contraint de croire qu'elle est vnique, est la necessité de l'vnion de Mars à Saturne pour former les *Comettes*, qui ne s'est faite que lors que le Soleil estoit sous le Scorpion, où par consequent les principales matieres se sont amassées, & qu'il faudroit que la premiere *Comette* se fust éteinte dans sa force ; ce qui n'est pas croyable, ayant veu de nos propres yeux celle qui est dans le Taureau s'arrester & diminuër peu à peu, sans qu'elle soit encore éteinte. Finissons ce Traitté comme les Hebreux, par vn *Alleluya* ; en disant avec ces premiers Astrologues :

LOVANGE A DIEV.